"十二五"普通高等教育本科国家级规划教材

电路与电子技术
学习辅导及实践指导
（第 6 版）

主　编　张　虹　　王俊杰

副主编　张星慧

北京航空航天大学出版社

内 容 简 介

本书是根据《电路与电子技术教学大纲》的要求,配合该课程主教材《电路与电子技术(第6版)》一书编写的学习和实验、实习指导书。

全书共分三大部分:学习辅导部分紧紧围绕主教材,给出了每一章的重点内容提要、典型例题分析和习题详解,便于读者学习和掌握相关知识;实验指导部分与理论知识同步,共编入包括电路分析、模拟电子技术和数字电子技术 21 个实验题目,其中有基础性的验证实验,也有综合性与设计性实验;实习指导部分本着结合实际、提高学生动手能力的原则,让学生在对实际电路亲自动手制作的过程中,加深对基础理论的理解,进一步增长知识,增加兴趣,增强技能。

图书在版编目(CIP)数据

电路与电子技术学习辅导及实践指导 / 张虹,王俊

杰主编. -- 6 版. -- 北京 : 北京航空航天大学出版社,

2019.9

ISBN 978 - 7 - 5124 - 3118 - 8

Ⅰ. ①电… Ⅱ. ①张… ②王… Ⅲ. ①电路理论—高

等学校—教学参考资料②电子技术—高等学校—教学参考

资料 Ⅳ. ①TM13②TN

中国版本图书馆 CIP 数据核字(2019)第 222334 号

电路与电子技术学习辅导及实践指导(第 6 版)

主 编 张 虹 王俊杰
副主编 张星慧
责任编辑 蔡 喆

*

北京航空航天大学出版社出版发行

北京市海淀区学院路 37 号(邮编 100191)　http://www.buaapress.com.cn
发行部电话:(010)82317024　传真:(010)82328026
读者信箱: goodtextbook@126.com　邮购电话:(010)82316936
涿州市新华印刷有限公司印装　各地书店经销

*

开本:787×1 092　1/16　印张:13.5　字数:346 千字
2020 年 9 月第 6 版　2020 年 9 月第 1 次印刷　印数:3 000 册
ISBN 978 - 7 - 5124 - 3118 - 8　定价:39.00 元

第 6 版前言

本书在有限的篇幅内将电路分析、模拟电子技术、数字电子技术等多门课程的学习辅导及实践环节指导有机整合,既做到符合应用型本科院校人才培养目标和教学要求,又突出了自身特色,旨在使读者深入理解基本概念和知识,熟练掌握解题方法,培养理论联系实际、分析和解决实际问题的能力。

本书在内容编排及修订方面与主教材《电路与电子技术(第 6 版)》保持同步。与前一版相比,本次主要修订内容如下:

1. 学习辅导部分——更加突出基本知识,循序渐进,简约易懂,文理渗透

作为《电路与电子技术(第 6 版)》的配套辅导书,本书在学习辅导部分紧紧围绕各章的主要知识点、重点、难点来选材而非面面俱到,既与主教材有机结合,又对主要知识点进行了更加深入透彻的剖析。为了让学生掌握电路与电子技术的基本概念、基本理论和基本分析方法,本书以基础知识为重点,深入浅出,注重从物理概念和感性知识入手,提炼课程简约的本质,叙述简明易懂;力求以小知大,以简知繁,化抽象为具体,化具体为思想,从特殊到一般地启发学生掌握电路与电子技术理论和分析方法。

2. 实验指导部分——加强实验项目的针对性、典型性和实用性

本次实验部分修订主要是加大了实验力度,增加了设计性和综合性实验的比例,以此满足应用型本科院校对人才培养目标的要求。模拟电子技术实验几乎全部重新编写,并添加了几个新实验;数字电子技术实验在原版基础上也作了部分调整并添加了部分内容。此外,在附录部分更新了"集成门电路新旧图形符号对照"、"触发器新旧符号对照"、"部分集成电路引脚排列"。

3. 实习指导部分——以工程应用为背景,理论和实践相结合,重在实践

"电路与电子技术"是一门实践性强,与生产、生活密切相关的课程。近年来,电子技术尤其是集成电路技术发展迅速,出现了许多各具特点的电子产品。本书的实习指导部分将电子领域的新器件、新产品、新应用纳入到编写内容中;同时,加强了语句的严密性和图形、符号及规范性。

在本次修订工作中,继续保持和发扬原书的特点和风格。首先,与新版主教材《电路与电子技术(第 6 版)》在内容上完全保持一致。其次,力求重点、难点突出,理论知识与实验、实习有机结合,真正成为广大读者的良师益友,为教师教书、学生学习以及培养学生的实践动手能力起到真正的辅助作用。

参加本书修订工作的有张虹(前言、学习辅导部分),王俊杰(实验指导部分),张星慧(实习部分)。本书由张虹担任主编,并统编全稿。此外,参加本书编写及资料整理的还有徐永贵、刘

晓亮、刘贞德、于钦庆、高寒、王立梅、陈光军、朱敏、郑建军、李厚荣、周金玲、李耀明、齐丽丽老师。

由于水平有限,书中的错误和不妥之处敬请各方面的读者予以批评指正,以便今后不断改进。

编　者

2019 年 3 月

目　　录

第一部分　学习辅导

第二部分　实验指导

第三部分　实习指导

第一部分

学习辅导

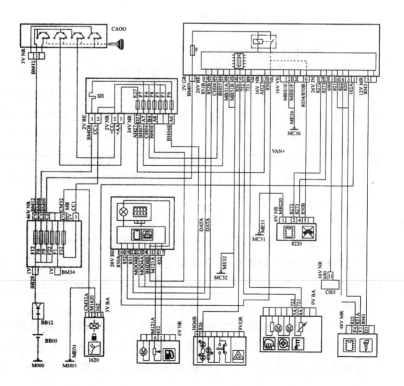

第1章　电路基本概念及分析方法

1.1　重点内容及学习指导

1.1.1　电路与电路模型

1. 电　路

由电气设备和元器件按照一定的方式连接起来,并能完成特定功能的集合体称为电路。这里所说的电路指的是实际电路。

2. 电路模型

由理想电路元件构成的电路叫做电路模型,电路分析的对象是电路模型。

理想电路元件是实际电气元件的理想化模型,是实际元器件的科学抽象,具有精确的数学定义。由于理想元件保留了实际元器件的主要电磁性质,因此对理想元件分析所获得的理论及数学公式同样适用于实际元器件及实际电路。由此可知,模型研究法是一种科学的研究方法,不只在电路领域,在其他很多领域,如建筑、医学、航天、生物等,都有非常重要的应用。常见的理想元件有电阻、电容、电感和电源。为了叙述方便,在今后的电路理论分析中,常把"理想"二字省略,如无特别说明,"元件"就是"理想电路元件"的简称。

1.1.2　电路基本物理量

1. 电流、电压的参考方向

在电路分析和计算中,常常需要事先选定好电流、电压的参考方向,然后按照选定的参考方向进行计算。选定参考方向的原因是由于在分析较为复杂的电路时,往往事先难以判断某支路中电流和电压的实际方向。为了正确理解和使用参考方向,特强调以下几点:

① 参考方向的选择具有任意性,任一电流和电压的参考方向都可以分别独立地任意加以指定。参考方向一旦选定,在电路计算中就不要再随意更改,以免造成混乱。

② 参考方向不是实际方向,但它与实际方向最多有两种关系——相同和相反。这两种关系可以通过电压和电流的正、负数值体现出来。

③ 参考方向可以任意假定而不会影响计算结果,因为参考方向相反时,计算出的电流和电压值仅相差一个负号,最后得到的实际结果仍然相同。

④ 电流和电压数值的正与负都是对应于事先设定好的具体的参考方向的。因此,今后在计算电流、电压等物理量时,必须事先选定好参考方向然后再进行计算,未选参考方向而计算出的结果没有意义。

对于电流和电压的关联参考方向,要做到正确理解:此处提到的电流和电压,是指被研究对象(某个元件或某段电路)自身的电压和电流,若通过其电流的参考方向是由其自身两端电压参考极性的"+"指向"−",就称电压与电流为关联参考方向,简称关联方向;否则,称为非关联方向。

2. 电功率和电能量

功率 p 就是电气设备或元器件在单位时间内吸收或发出的电能。在计算功率时,要根据被研究对象上电压与电流的参考方向正确选择公式。只有当电压、电流为关联方向时,$p=ui$;否则,为非关联方向时,$p=-ui$。这样计算出的功率值是一个代数量,有正负之分。$p>0$时,表明元件实际是吸收功率;$p<0$ 时,表明元件实际发出功率。

对于一个完整的闭合电路,在任意时刻,其中吸收的功率总和必定恒等于其中发出的功率总和,称此为电路的"功率平衡"。在电路的分析和计算时,运用这一规律可以对计算的正确性进行核对。

1.1.3 电路基本元件

这里的电路元件是指理想元件,即电阻元件、电容元件、电感元件和理想电源。对于电路元件的讨论,重点之一是讨论其各自的电压、电流关系 VCR(Voltage Current Ralation),其次是它们的能量特征。由一个元件的 VCR 及能量特征,就可以完全反映该元件的电气特性。

按照不同的分类标准,电路元件可以分为不同的种类。

(1) 线性元件和非线性元件

这是按照元件是否为线性进行的分类。如果一个元件的特性方程为线性函数,对应的特性曲线是一条通过原点的直线,且同时满足线性函数的齐次性和叠加性,则称该元件为线性元件。特性方程不同时满足齐次性和叠加性的元件称为非线性元件。

(2) 时不变元件和时变元件

这是按照元件特性是否随时间变化进行的分类。从特性方程对应的特性曲线来看,时不变元件的特性曲线不随时间而变,时变元件的特性曲线随时间的变化而变化。

(3) 二端元件和多端元件

这是按照元件端钮的个数进行的分类,可分为二端元件(如电阻、二极管等),三端元件(如三极管、场效应管等)、多端元件(如变压器、集成运放等)。

(4) 有源元件和无源元件

这主要是按照元件的能量特征进行的分类。对于一个元件而言,在其电压 $u(t)$ 与电流 $i(t)$ 取关联参考方向的情况下,对于所有时间 t 以及所有容许的 $u(t)$ 与 $i(t)$ 的可能组合,当且仅当其吸收的能量 $w(t)$ 满足式(1-1)

$$w(t)=\int_{-\infty}^{t} u(\tau)i(\tau)\mathrm{d}\tau \geqslant 0 \qquad (1-1)$$

时,称该元件为无源元件;否则,若 $w(t)<0$,则称为有源元件。

从电路性质上看,无源元件有两个基本特点:第一,自身或消耗电能,或把电能转变为不同形式的其他能量;第二,只需输入信号,不需要外加电源就能正常工作。电阻、电容、电感都是无源元件。

有源元件的两个基本特点是:第一,自身也消耗电能;第二,除了输入信号外,还必须要有外加电源才可以正常工作。三极管、集成电路等都是有源元件。

1.1.4 受控源

对于受控源这种理想化的元件模型,它的提出是为了模拟电子元器件中物理量之间的控制关系。例如,在电子电路中,晶体三极管的集电极电流受基极电流的控制,场效应管的漏极电流受栅极电压的控制;运算放大器的输出电压受到输入电压的控制;发电机的输出电压受其励磁线圈的电流的控制等。这类电路器件的工作性能都可以用受控源来描述。

受控源与独立源有本质的不同。独立源代表外界对电路的真正输入或激励,是电路的能量来源;受控源则主要用来表示电路中两处电压与电流的控制与被控制关系,绝不是电路的激励或输入,不能独立地对电路提供能量或信号,即受控源不能单独作用于电路,否则电路中是不会有电流和电压响应以及输出信号产生的。简而言之,有受控源的电路中必定有独立源。

1.1.5　基尔霍夫定律及支路电流分析法

基尔霍夫定律反映了电路最基本的规律。不论是直流电路还是交流电路,不论是线性电路还是非线性电路,不论是平面电路还是非平面电路,基尔霍夫定律都是普遍适用的。对于该定律,只有正确理解方可灵活运用。理解该定律须注意以下几点:

① KCL 适用于节点和任一封闭面。

② KCL 表明节点上各个支路电流所受的线性约束关系。

③ KVL 表明回路中支路电压的线性约束关系。

④ KVL 与 KCL 适用于任何集总参数电路,仅与元件的连接方式有关,与元件的性质无关。

利用基尔霍夫定律,以各支路电流为未知量,分别应用 KCL、KVL 列方程,解方程便可求出各支路电流,继而求出电路中其他物理量,这种分析电路的方法叫做支路电流法。支路电流法一般比较适合分析支路条数比较少的电路。该方法是考研的重点,往往都是以一些综合性的题目出现。

1.1.6　等效变换分析法

1. 等效和等效变换

等效是电路理论中一个非常重要的概念。若两个电路在结构和参数上不同,但在对应端子上具有相同的电压、电流关系(也称伏安关系),那么这两个电路互为等效。

互为等效的两个电路之间可以相互替代,这个替代过程称为等效变换;而且,替代前后的电路在接上任意外电路时,对外电路而言,没有任何区别,即外电路中电流、电压、功率分配完全一样。

等效变换的目的是为了简化电路,方便计算,为此一般是要找到与这个电路等效的最简单电路。

"等效"强调的是对外电路的影响不要改变,而对于发生等效的内部电路,在变换前后其电流、电压、功率的分配是完全不同的,即"等效"是对外电路而言的。

2. 等效变换的几种情况

(1) 无源(指独立源)电路的等效变换

最常见的就是电阻的串联与电阻的并联。此外,还有电阻的非串并联连接,即电阻的 Y 形连接与△连接。两者可以相互等效替代,等效替代后可以将原先的 Y 形连接或者△连接变成电阻的串、并联结构,继而再用串、并联的方法进行求解。需要注意的是,由于这种方法较复杂,只有在所有串、并、混、电桥等都不能使用后才考虑使用此方法。

含有受控源的无源(指独立源)电路:可以等效成一个电阻 R_{eq}。

(2) 有源电路的等效变换

电压源的串联:可以等效成一个电压源,其值为各串联电压源的代数和。

电压源的并联:只有电压值相等且极性相同的电压源才允许并联,而等效电压源即等于其中任意一个所并联的电压源。

注意:当一个电压源 u_S 与其他任何电路并联时,其等效电路仍为电压源 u_S。

电流源的串联:只有电流值相等且流向相同的电流源才允许串联,而等效电流源即等于其中任意一个所串联的电流源。

电流源的并联:可以等效成一个电流源,其值为各并联电流源的代数和。

注意:当一个电流源 i_S 与其他任何电路串联时,其等效电路仍为电压源 i_S。

(3) 实际电源的两种模型的等效变换

实际电压源模型(一个理想电压源与一个电阻的串联结构)与实际电流源模型(一个理想电流源与一个电阻的并联结构)可以相互等效变换。

(4) 无伴电源的等效转移

不与电阻串联的电压源和不与电阻并联的电流源,称为无伴电源。当无伴电源转移成有伴时,方可进行等效变换,从而简化电路,方便计算。

无伴电压源的转移方法:将无伴电压源分移到其他支路上。具体方法是,将无伴电压源"拆分"为与同一节点所接其余支路数相同的电压源,并把各电压源与同一节点的所接其余支路元件相串联,就实现了无伴电压源的等效转移,如图 1-1 所示。

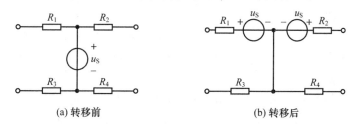

(a) 转移前　　　　　　　　　　　(b) 转移后

图 1-1　无伴电压源的等效转移

无伴电流源的转移方法:将无伴电流源分移到其他支路上。具体方法是:将无伴电流源"拆分"为与同一回路所接其余支路数相同的电流源,并把各电流源与同一回路所接其余支路元件相并联,就实现了无伴电流源的等效转移,如图 1-2 所示。

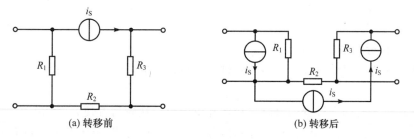

(a) 转移前　　　　　　　　　　　(b) 转移后

图 1-2　无伴电流源的转移

1.1.7　节点电压分析法

1. 节点电压分析法的特点

以节点电压为求解变量建立电路方程进行分析计算的方法称为节点电压分析法,简称节点法。

对于支路较多而节点较少的电路采用节点电压分析法较为方便。节点电压分析法的理论依据是 KCL。应用节点电压法分析电路时,可以直接套用通式,对于有 n 个节点的电路,除去参考节点之后,需要求$(n-1)$个节点电压,因此要列出$(n-1)$个节点电压方程。节点电压一般用 $V(v)$ 表示,也可用 $U(u)$ 表示。

由独立电流源和线性电阻构成的具有 n 个节点的连通电路,若选节点 n 为参考节点,则其余$(n-1)$个节点相对于参考节点的节点电压方程的一般形式为

$$
\begin{cases}
G_{11}v_1 + G_{12}v_2 + \cdots + G_{1(n-1)}v_{n-1} = i_{S11} \\
G_{21}v_1 + G_{22}v_2 + \cdots + G_{2(n-1)}v_{n-1} = i_{S22} \\
\qquad\qquad\cdots \\
G_{(n-1)1}v_1 + G_{(n-1)2}v_2 + \cdots + G_{(n-1)(n-1)}v_{n-1} = i_{S(n-1)(n-1)}
\end{cases}
$$

其中,$v_1,v_2,\cdots,v_{n-1}$ 为第 $1,2,\cdots,n-1$ 个节点相对于参考节点的节点电压。

2. 含有电压源支路的处理方法

(1) 有伴电压源的处理

将其化为实际电流源的结构模型。

(2) 无伴电压源的处理

方法一,增设电流变量:设流经电压源的电流为未知量,并将其计入所在节点的节点电压方程中,由于增设了一个未知量,必须补充一个该电压源电压与相关节点电压关系方程,以使方程数与变量数相等。

方法二,当所求问题并未指定参考节点时,可选取其中一个或是仅有的一个无伴电压源相关的两节点之一作为参考节点,则另一节点的电压即为已知,可少列一个节点方程。

方法三,转移无伴电压源:将无伴电压源分移到其他支路上。

3. 受控源的处理方法

先把受控源当做独立源列写节点电压方程。然后补充方程,即把受控源的控制量用节点电压表示出来。

1.1.8　网孔电流分析法

1. 网孔电流分析法的特点

以网孔电流为求解变量建立电路方程进行分析计算的方法,称为网孔电流分析法,简称网孔法。

对于支路较多而网孔较少的电路采用网孔电流分析法较为方便。网孔电流分析法的理论依据是 KVL。应用网孔电流法分析电路时,可以直接套用通式,对于有 n 个网孔的电路,需要求 n 个网孔电流,因此列出 n 个以网孔电流为变量的方程。利用网孔电流法可以求解支路电流及各段电压。

由独立电压源和线性电阻构成的具有 n 个网孔的连通电路,其网孔电流方程的通式为

$$
\begin{cases}
R_{11}i_1 + R_{12}i_2 + \cdots + R_{1n}i_n = u_{S11} \\
R_{21}i_1 + R_{22}i_2 + \cdots + R_{2n}i_n = u_{S22} \\
\quad \cdots \\
R_{n1}i_1 + R_{n2}i_2 + \cdots + R_{nn}i_n = u_{Snn}
\end{cases}
$$

其中，$i_1, i_2, \cdots, i_n$ 为第 $1, 2, \cdots, n$ 个网孔的网孔电流。

2. 含有电流源支路的处理方法

（1）有伴电流源的处理

将其化为实际电压源的结构模型。

（2）无伴电流源的处理

方法一，增设电压变量：设电流源端电压为未知量，并计入其所在网孔的 KVL 方程，由于增设了一个未知量，必须相应地增补一个方程，即该电流源电流与相关网孔电流关系的方程，从而使方程数与变量数相等。

方法二，尽可能将其移到电路边界上，使其为一个网孔所独有。该网孔的网孔电流为已知，可少列一个网孔方程。

方法三，转移无伴电流源：将无伴电流源分移到其他支路上。

3. 受控源的处理方法

先把受控源当做独立源列写网孔方程。然后补充方程，即把受控源的控制量用网孔电流表示出来。

1.1.9　网络定理分析法

1. 叠加定理

（1）定理说明

叠加定理是分析线性电路的一个重要定理。所分析的线性电路中必须包含两个或两个以上的独立源。在使用该定理时，除教材中提到的两点注意事项外，还要注意：叠加时，各分电路中的电压电流分量的参考方向可以取为与原电路中电压电流总量的参考方向一致或相反，但最终叠加时要注意各分量前的"＋"、"－"号，分量与总量参考方向若一致，则分量前取"＋"号，否则取"－"号。

（2）齐性定理

根据叠加定理可以推导出另一个重要定理——齐性定理。它表述为：在线性电路中，当所有独立源都增大或缩小 k 倍（k 为实常数）时，支路电流或电压也将同样增大或缩小 k 倍。齐性定理在教材中没有提及，因为由叠加定理很容易推出；叠加定理才是最基本的定理，但掌握齐性定理有时可使电路的分析快速、简便。本章后面列举了此类例题。

（3）受控源的处理

当电路中含有受控源时，叠加定理仍然适用。受控源的作用反映在回路电流或节点电压方程中的自阻和互阻或自导和互导中，所以任一处的电流或电压仍可按照各独立源作用时在该处产生的电流或电压的叠加计算。所以，对含受控源的电路应用叠加定理进行各分电路计算时，仍应把受控源保留在各分电路之中。

前面已经说过，含受控源电路的分析计算一向是考研重点。尽管在教材中没作为重点，但本书会借此机会举一些这方面的例题，供读者学习参考。

2. 戴维南定理和诺顿定理

（1）定理说明

戴维南定理和诺顿定理也是电路理论中非常重要的定理,它研究的对象是线性含源单口网络。含源是指含有独立源,单口网络是具有两个端钮与外部相连的网络,单口网络的端口处是开路的,这一点很重要。对于戴维南定理,关键是掌握其等效电路中的两个参数的求解方法,即端口处的开路电压 u_{oc} 和等效电阻 R_0 的求解方法,定理的一切应用都是围绕求解这两个参数展开的。同样,诺顿定理中重要的也是其等效电路中的两个参数:端口处的短路电流 i_{sc} 和等效电阻 R_0。

（2）应用性

戴维南定理和诺顿定理最重要的意义就在于为线性含源单口网络提供了统一的最简模型。线性含源单口网络无论内部结构简单还是复杂,只要符合线性含源这个条件,就一定可以等效为一个理想电压源和电阻串联的模型以及一个理想电流源和电阻并联的模型。这在实际中非常有用,最大功率传输定理就是以此为出发点推导出来的。

戴维南定理和诺顿定理的实践性很强,其等效参数用电子仪表非常容易测量,这是其他定理所无法相比的。

在例题讲解中,同样会列举一些含受控源的电路,旨在说明戴维南定理和诺顿定理对于这种电路如何应用。

（3）注意事项

由于两定理的证明都引用了叠加定理,所以其仅适用于线性单口网络。但对该单口网络所接的负载并没有任何限制,可以是任意的。例如,可以是非线性的,也可以是时变的。

戴维南等效电路中电压源 u_{oc} 所标注的"＋、－"极性与原单口网络端口处的开路电压 u_{oc} 所标注的"＋、－"极性一致;而诺顿等效电路中电流源 i_{sc} 的方向,应使其流出端口的电流方向与原单口网络端口处的短路电流绕行方向一致。

3. 最大功率传输定理

最大功率传输定理实际上是戴维南定理和诺顿定理的一个应用。另外,通过该定理,使我们了解到实际应用中何为负载匹配,如何使负载获得最大功率,如何求解最大功率等问题,非常具有实际意义。

1.1.10　一阶动态电路的分析

1. 动态电路

电容和电感各自的伏安关系是通过导数或积分表达的,所以这两种储能元件又称为动态元件。含有无源元件 R、L、C 中任意两种以上时,电路即为动态电路。如 RC 电路、RL 电路、RLC 电路等。动态电路的响应方程为微分方程,或者说响应为微分方程的电路是动态电路。

2. 动态电路响应的分析方法

求解动态电路的响应通常求的是换路后(即 $t \geqslant 0$ 时,或充放电期间)的响应,通常有两种求解方法。

（1）时域法

列出换路后动态电路中电压或电流的微分方程,解微分方程即得待求响应的解。这种方法又称经典法,主要用于一阶动态电路的分析。

（2）复频域法

主要用于高阶、多个复杂激励源的电路。

1.1.11　电路的对偶性及对偶电路

电路的对偶性：电路中的许多变量、元件、结构及定律等都是成对出现的，并存在明显的一一对应关系，这种关系称为电路的对偶性。

对偶规则：电路中若某一关系式成立，则其对偶关系式也必定成立，此即电路的对偶规则。

对偶电路：若描述某一电路的网孔方程（或节点方程）与描述另一电路的节点方程（或网孔方程）具有完全相同的数学形式，则称这两个电路互为对偶电路。

表 1－2 列出了常见的对偶元素。

表 1－2　常见的对偶元素

电路变量	电压—电流	电路结构	节点—网孔
	电荷—磁链		串联—并联
电路元件	电阻—电导		割集—回路
	电容—电感		短路—开路
	电压源—电流源	电路定律	KCL—KVL
	VCCS—CCVS	电特性	串联分压—并联分流
	VCVS—CCCS		节点电压法—网孔电流法

1.2　典型例题分析

例 1－1　已知流过某元件的电流波形如例图 1－1 所示，则在 $t=0$ 至 $t=4.5$ s 期间，通过该元件的总电荷量为多少？

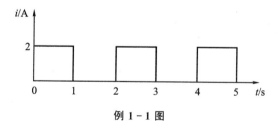

例 1－1 图

解　通过元件的电荷量为

$$q = \int_0^{4.5} i\,\mathrm{d}t = \int_0^1 2\mathrm{d}t + \int_2^3 2\mathrm{d}t + \int_4^{4.5} 2\mathrm{d}t = 5\ \mathrm{C}$$

例 1－2　已知通过某元件的电荷 $q(t)=2\sin(2t)\mathrm{C}$，求 $t>0$ 时的电流 $i(t)$。

解　$t>0$ 时的电流 $i(t)$ 为

$$i = \frac{\mathrm{d}q}{\mathrm{d}t} = 4\cos(2t)\,\mathrm{A} \qquad t>0$$

例 1－3　设通过例图 1－3(a)所示某元件的电荷量 $q(t)=5\mathrm{e}^{-10t}\mathrm{C}(t>0)$，其波形如图(b)

所示。已知单位正电荷由 a 移至 b 时获得的能量为 3J,求流过该元件的电流 $i(t)$ 及元件的功率 $p(t)$,并画出 $i(t)$ 及 $p(t)$ 的波形。

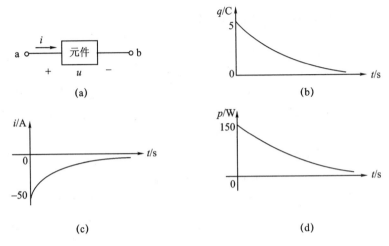

例 1-3 图

解
$$i = \frac{dq}{dt} = 5 \times (-10)e^{-10t} = -50e^{-10t} \text{ A} \quad (t > 0)$$

已知单位正电荷由 a 移至 b 时获得了 3 J 的能量,由此可知图(a)中 a 点电位比 b 点低,根据图示电压 u 的参考极性可知,$u = -3$ V。于是可求得元件的功率为
$$p = u \cdot i = -3 \times (-50)e^{-50t} = 150e^{-50t} \text{ W}$$

由以上计算结果画出 $i(t)$ 及 $p(t)$ 的波形分别如例图 1-3(c)和(d)所示,均为一条指数曲线。

例 1-4 有两只电阻,其额定值分别为"50 Ω(R_1)、15 W"和"100 Ω(R_2)、20 W",试问它们允许通过的电流是多少? 如果将两者串联起来,其两端最高允许的电压是多少?

解 因为 $P_N = I_N^2 R$,可求得两电阻的额定电流分别为
$$I_{N1} = \sqrt{\frac{P_{N1}}{R_1}} = \sqrt{\frac{15}{50}} \approx 0.548 \text{ A}$$
$$I_{N2} = \sqrt{\frac{P_{N2}}{R_2}} = \sqrt{\frac{20}{100}} \approx 0.447 \text{ A}$$

将两者串联起来后,允许通过的最高电流应以较小的那个额定电流为参考值,故其两端最高允许的串联电压为
$$U = I_{N2}(R_1 + R_2) = 0.447 \times (50 + 100) \approx 67.1 \text{ V}$$

例 1-5 有两个电容器,一个为 50 μF,300 V,一个为 250 μF,150 V。

(1) 若两个电容器并联时,等效电容为多少? 外接电压不能超过多少伏?

(2) 当它们串联时,等效电容为多少? 接在 400 V 直流电压上使用是否安全?

解 (1) 并联时等效电容
$$C = C_1 + C_2 = 50 + 250 = 300 \text{ μF}$$
并联时外接电压不能超过低的额定电压,因此外加电压
$$u \leqslant 150 \text{ V}$$

（2）串联时的等效电容

$$C' = \frac{C_1 C_2}{C_1 + C_2} = \frac{50 \times 250}{50 + 250} = 41.7\ \mu F$$

接在 400 V 直流电压上时，应分析每个电容承受的电压是否超过其额定电压。设 C_1（50 μF）上的电压为 U_1，C_2（250 μF）上的电压为 U_2，则

$$\begin{cases} U_1 + U_2 = 400 \\ \dfrac{U_1}{U_2} = \dfrac{C_2}{C_1} = \dfrac{250}{50} \end{cases}$$

联立解之得

$$U_1 = 333.3\ V > C_1\ 的额定电压\ 300\ V$$
$$U_2 = 66.7\ V < C_2\ 的额定电压\ 150\ V$$

所以外接 400 V 直流电压使用时是不安全的。

例 1-6　有两个电容器，$C_1 = 150\ \mu F$，耐压 450 V，$C_2 = 100\ \mu F$，耐压 250 V，现将它们串联使用，求其等效电容及允许的端电压。

解　串联时的等效电容为

$$C = \frac{C_1 C_2}{C_1 + C_2} = \frac{150 \times 100}{150 + 100} = 60\ \mu F$$

分析电容串联时允许的端电压，不能将这两个电容的耐压简单地相加。因为串联时，电容上的电压与其电容量的大小成反比，电容小的分得的电压大，故应使电容较小的 C_2 所分得的电压不超过其耐压，再分析电容大的端电压是否超过其耐压。

$$U_2 \leqslant 250\ V$$
$$U_1 = \frac{C_2}{C_1} U_2 = \frac{100}{150} \times 250 = 166.7\ V < 450\ V$$

所以这两个电容串联后允许的端电压为

$$U = U_1 + U_2 = 166.7 + 250 = 416.7\ V$$

例 1-7　四只电容器连接如例图 1-7 所示，已知 $C_1 = C_2 = C_3 = C_4 = 100\ \mu F$，它们的耐压都是 150 V。求：

（1）等效电容 C_{ab}；

（2）它们总的端电压 U 不能超过多少伏？

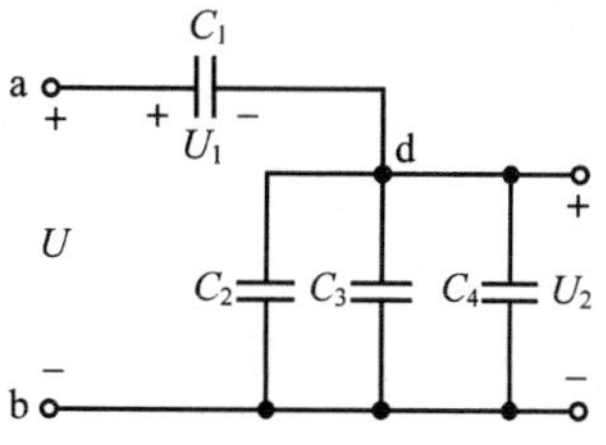

解　（1）并联部分的等效电容

$$C_{db} = C_2 + C_3 + C_4 = 100 + 100 + 100 = 300\ \mu F$$

例 1-7 图

C_1 和 C_{db} 串联，等效电容为

$$C_{ab} = \frac{C_1 C_{db}}{C_1 + C_{db}} = \frac{100 \times 300}{100 + 300} = 75\ \mu F$$

（2）电容的分压值每个电容耐压均为 150 V，现 $C_1 = 100\ \mu F$，$C_{db} = 300\ \mu F$，电容小的分得的电压大，即

$$U_1 \leqslant 150\ V$$
$$U_2 = \frac{C_1}{C_{db}} U_1 = \frac{100}{300} \times 150 = 50\ V$$

所以端电压为

$$U = U_1 + U_2 = 150 + 50 = 200 \text{ V}$$

即总的端电压不能超过 200 V。

例 1 - 8　已知一电感 L,原来没有电流通过,$t = 0$ 时接到电源 $u(t) = Ue^{-at}$ 上,设电压、电流为关联方向,试求电感中电流 $i(t)$。

解　电感中电流为

$$i(t) = i(0) + \frac{1}{L}\int_0^t u\,\mathrm{d}t = 0 + \frac{1}{L}\int_0^t Ue^{-at}\,\mathrm{d}t = \frac{U}{aL}(1 - e^{-at})$$

例 1 - 9　例图 1 - 9 所示为一电桥电路,R_g 为检流计内阻。

(1) 列出接点 a、b 的支路电流方程;

(2) 列出三个网孔的回路电压方程;

(3) 要使通过检流计 G 的电流为零,即电桥电路达到平衡,桥臂电阻 R_1、R_2、R_3、R_4 的关系应该如何?

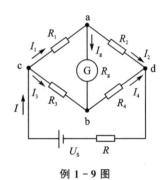

例 1 - 9 图

解　选定各支路电流的参考方向如图所示。

(1) 对节点 a、b,根据 KCL 有

节点 a　　　　　$I_2 + I_g - I_1 = 0$

节点 b　　　　　$I_4 - I_g - I_3 = 0$

(2) 对于三个网孔,根据 KVL 有

网孔 abca　　　　$I_1 R_1 + I_g R_g - I_3 R_3 = 0$

网孔 adba　　　　$I_2 R_2 - I_4 R_4 - I_g R_g = 0$

网孔 cbdc　　　　$I_3 R_3 + I_4 R_4 + I R + U_S = 0$

(3) 检流计的电流为零,即 $I_g = 0$,则有

$$I_1 = I_2 \qquad I_3 = I_4$$

因此　　　　　　$I_1 R_1 = I_3 R_3 \qquad I_2 R_2 = I_4 R_4$

即　　　　　　　$I_1 R_1 = I_3 R_3 \qquad I_1 R_2 = I_3 R_4$

两式相比得

$$\frac{R_1}{R_2} = \frac{R_3}{R_4} \quad \text{或} \quad R_1 R_4 = R_2 R_3$$

这就是电桥平衡的条件。

例 1 - 10　电路及参数如例图 1 - 10 所示,o 为电路参考点,求 a、b、c、d、e、f、g 各点电位。

解　根据 KCL 的推广,可以得出图中电流 $I = 0$,$I' = 0$。

因此两个单回路(串联回路)的电流互不流通,选定左、右回路电流 I_1、I_2 的参考方向及绕行方向如图所示,根据 KVL 有

左边回路　$(10 + 10)I_1 + 20 = 0$　　$I_1 = -1 \text{ A}$

右边回路　$(5 + 1 + 4)I_2 - 5 = 0$　　$I_2 = 0.5 \text{ A}$

各点电位分别为

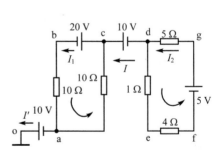

例 1 - 10 图

$$V_a = U_{ao} = -10 \text{ V}$$

$$V_b = U_{bo} = U_{ba} + V_a = 10 I_1 + V_a = 10 \times (-1) + (-10) = -20 \text{ V}$$

$$V_c = U_{co} = U_{cb} + V_b = 10 I_1 + V_a = 20 + (-20) = 0$$

$$V_d = U_{do} = U_{dc} + V_c = 10 I_1 + V_a = -10 \text{ V}$$

$$V_e = U_{eo} = U_{ed} + V_d = -1 \times I_2 + V_d = -1 \times 0.5 + (-10) = -10.5 \text{ V}$$

$$V_f = U_{fo} = U_{fe} + V_e = -4 I_2 + V_e = -4 \times 0.5 + (-10.5) = -12.5 \text{ V}$$

$$V_g = U_{go} = U_{gd} + V_d = 5 I_2 + V_d = 5 \times 0.5 + (-10) = -7.5 \text{ V}$$

本题具体给出了求解电路中任意一点电位的方法。

例 1-11　例图 1-11 所示电路表示半无限长网络,求其端口的等效电阻 R_{ab}。

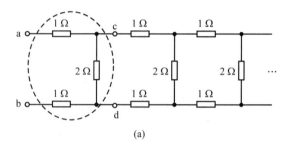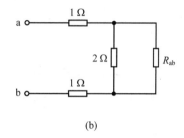

例 1-11 图

解　图(a)所示网络是由无限多节相同的单元网络组成的,每一节如图(a)中虚线所示。因网络为无限长,故有 $R_{ab} = R_{cd}$,即从 a、b 端看进去的等效电阻等于从 c、d 端看进去的等效电阻。于是可将原二端网络等效为图(b)的形式,由图(b)可得

$$R_{ab} = 1 + 1 + 2 /\!/ R_{ab} = 2 + \frac{2R_{ab}}{2 + R_{ab}}$$

$$R_{ab}^2 - 2R_{ab} - 4 = 0$$

解得

$$R_{ab} = 3.236 \text{ } \Omega$$

注意:对本例中所示二端网络,关键是找到相同的单元网络及端口,那么从每一个单元网络的端口看进去的等值电阻是相等的。

例 1-12　求例图 1-12 所示各电路中的等效电阻 R_{ab}。

解　对于本例求无源网络等效电阻的问题,首先利用设电位点画直观图的方法,将原图进行梳理,从而清晰地看出各电阻的连接关系。若为串、并联的形式,则利用串、并联方法可以求出等效电阻;若为 Y 形或 △ 形的电阻结构,则需利用 Y 形与 △ 形的等效变换,将其变换为串、并联的结构,而后再利用串、并联方法求出其等效电阻。

在原图中将各电位点标上字母,注意导线上的所有点均为等电位点,将原图梳理后得例 1-12 解图。其中,例 1-12 图(d)所示电路中,假设从 a 点通入一电流 I,则不难看出 c、d、e 三点为等电位点,既是等电位点,那么可将其作断开处理,于是得到其等效电路如例 1-12 解图(d)所示。

由解图可以看出,经梳理后的电路都是串、并联结构。利用串、并联方法求出其等效电阻如下

(a) $R_{ab} = 2 /\!/ 2 + 6 /\!/ 3 = 1 + 2 = 3 \text{ } \Omega$

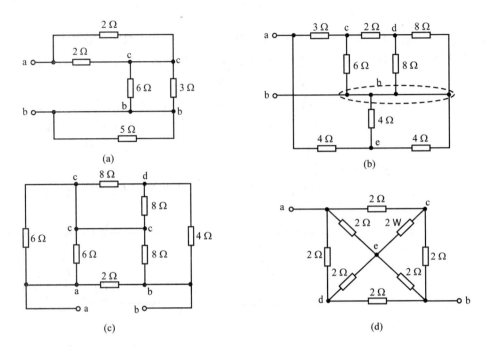

例 1 - 12 图

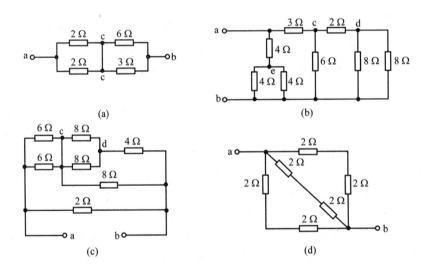

例 1 - 12 解图

(b) $R_{ab} = [4+(4/\!/4)]/\!/\{3+6/\!/[2+(8/\!/8)]\} = 6/\!/6 = 3\ \Omega$

(c) $R_{ab} = 2/\!/\{(6/\!/6) + [(8/\!/8)+4]/\!/8\} = 2/\!/(3+4) = 2/\!/7 = \dfrac{14}{9}\ \Omega$

(d) $R_{ab} = (2+2)/\!/(2+2)/\!/(2+2) = 4/\!/4/\!/4 = \dfrac{4}{3}\ \Omega$

需要说明的是,对于有些无源二端网络,其内部电阻的连接有时看似存在 Y 形或△形连接,但利用设电位点画直观图的方法梳理后,实际上却是电阻的串、并联结构,直接利用串、并联方法求出其等效电阻即可,而无需进行 Y 形与△形的等效变换。由此可知,对于较为复杂的无源二端网络,在求其等效电阻时,首先利用设电位点画直观图的方法将电路梳理,然后根据梳理后的结果再决定是否需要等效。

例 1-13　用节点分析法求例 1-13 图所示电路中各支路电压。

解　选接地点为参考点,节点电压分别为 V_1、V_2、V_3。列写节点电压方程如下

$$\begin{cases} (2+2+1)V_1 - 2V_2 - V_3 = 6-18 \\ -2V_1 + (2+3+6)V_2 - 6V_3 = 18-12 \\ -V_1 - 6V_2 + (1+6+3)V_3 = 25-6 \end{cases}$$

整理得到

$$\begin{cases} 5V_1 - 2V_2 - V_3 = -12 \\ -2V_1 + 11V_2 - 6V_3 = 6 \\ -V_1 - 6V_2 + 10V_3 = 19 \end{cases}$$

解得各节点电压

$$V_1 = -1\ \text{V} \qquad V_2 = 2\ \text{V} \qquad V_3 = 3\ \text{V}$$

求得另外三个支路电压为

$$V_4 = V_3 - V_1 = 4\ \text{V}$$
$$V_5 = V_1 - V_2 = -3\ \text{V}$$
$$V_6 = V_3 - V_2 = 1\ \text{V}$$

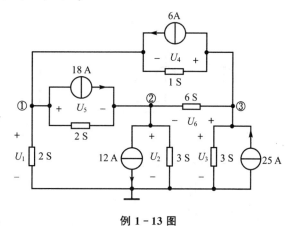

例 1-13 图

例 1-14　电路如例 1-14 图(a)所示,已知 $R_1 = R_2 = R_3 = R_4 = 2\ \Omega$,$U_{S1} = 8\ \text{V}$,$U_3 = 5\ \text{V}$,当因某种原因使 U_{S1} 短路,求此时的 U_3 值。

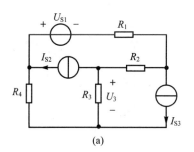
(a)

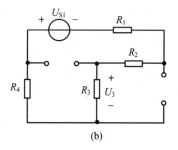
(b)

例 1-14 图

解　该电路有 3 个独立源共同作用,现在要求的是当电压源 U_{S1} 短路(即 U_{S1} 不作用)时,在电流源 I_{S2} 和 I_{S3} 共同作用下的响应,但本题中两电流源的数值都是未知的。然而,根据已知条件,所有电源共同作用时的 $U_3 = 5\ \text{V}$,据此,可以求出电压源 U_{S1} 单独作用时的响应 U_3' 的值,继而根据叠加定理可以求出当 I_{S2} 和 I_{S3} 共同作用下的响应 U_3'' 的值。

设
$$U_3 = K_1 U_{S1} + (K_2 I_{S2} + K_3 I_{S3}) = U_3' + U_3''$$

当 U_{S1} 单独作用时,电路如图(b)所示。由图(b)得

$$U_3' = -\frac{U_{S1}}{R_1 + R_2 + R_3 + R_4} \cdot R_3 = -\frac{U_{S1}}{4 \times 2} \cdot 2$$

$$= -\frac{U_{S1}}{4} = -\frac{8}{4} = -2\ \text{V}$$

由此可求出当 I_{S2} 和 I_{S3} 共同作用时

$$U''_3 = U_3 - U'_3 = 5 - (-2) = 7 \text{ V}$$

由本例的分析可知,运用叠加定理时,独立源可以一个一个单独作用,也可以一组一组分组作用。

例 1 – 15　　电路如例 1–25 图(a)所示,试用戴维南定理求电流 I。

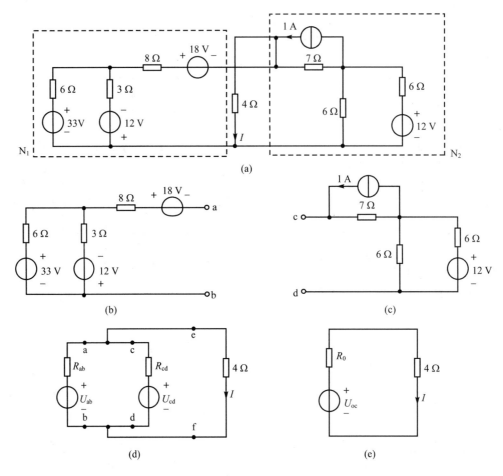

例 1 – 15 图

解　　对本题中的二端网络 N_1 和 N_2,可分别求其戴维南等效电路,从而简化电路。

对图(b)所示二端网络 ab,其戴维南等效电路的两个参数分别为

开路电压　　　　　　$U_{ab} = -18 + \dfrac{12+33}{3+6} \times 3 - 12 = -15 \text{ V}$

等效电阻　　　　　　　$R_{ab} = 8 + 3//6 = 8 + 2 = 10 \text{ Ω}$

对图(c)所示二端网络 cd,其戴维南等效电路的两个参数分别为

$$U_{cd} = 1 \times 7 + \dfrac{12}{6+6} \times 6 = 13 \text{ V}$$

等效电阻　　　　　　　$R_{cd} = 7 + 6//6 = 7 + 3 = 10 \text{ Ω}$

由图(b)、图(c)所求得戴维南等效电路,得图(d),再求图(d)中 e、f 点以左部分的戴维南等效电路,求得开路电压为

$$U_{oc} = \frac{U_{ab} - U_{cd}}{R_{cd} + R_{ab}} \times R_{cd} + U_{cd} = \frac{-15 - 13}{10 + 10} \times 10 + 13 = -14 + 13 = -1 \text{ V}$$

等效电阻　　　　　　　$R_0 = R_{ab} /\!/ R_{cd} = 10 /\!/ 10 = 5 \ \Omega$

由计算结果得图(e)，由图(e)可求得电流 I 为

$$I = \frac{U_{oc}}{R_0 + 4} = \frac{-1}{5 + 4} = -\frac{1}{9} \text{ A}$$

例 1-16　例 1-16 图(a)所示电路中，已知 $U_s = 4$ V，$I_s = 2$ A，$R_1 = 8 \ \Omega$，$R_2 = R_3 = 4 \ \Omega$，$R_4 = 2 \ \Omega$。问当电阻 R 为何值时能获得最大功率？最大功率等于多少？

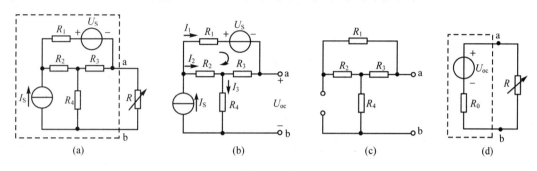

例 1-16 图

解　要分析电阻为何值时能获得最大功率，就必须求得虚线框内含源单口网络的戴维南等效电路。根据最大功率传输定理，电阻 R 与等效电路的内阻相等时，能获得最大功率。为此先将电阻 R 从电路中断开，得含源单口网络 ab，如图(b)所示，求这个含源单口的戴维南等效电路。

为求端口处的开路电压 U_{oc}，在图(b)中选定支路电流 I_1、I_2、I_3 参考方向如图所示，则

$$\begin{cases} I_1 + I_2 = I_3 = 2 \text{ A} \\ R_1 I_1 + U_s + R_3 I_1 - R_2 I_2 = 0 \end{cases}$$

代入数据，联立求解得

$$I_1 = 0.25 \text{ A} \qquad I_2 = 1.75 \text{ A} \qquad I_3 = 2 \text{ A}$$

所以开路电压

$$U_{oc} = U_{ab} = R_3 I_1 + R_4 I_3 = 4 \times 0.25 + 2 \times 2 = 5 \text{ V}$$

为求 R_0，电压源处用短路线代替，电流源处用开路代替，得无源单口网络如图(c)所示。

$$R_0 = R_{ab} = \frac{(R_1 + R_2)R_3}{(R_1 + R_2) + R_3} + R_4 = \frac{(8 + 4) \times 4}{(8 + 4) + 4} + 2 = 5 \ \Omega$$

求得戴维南等效电路如图(d)所示，由最大功率传输定理可知，当 $R = R_0 = 5 \ \Omega$ 时，R 能获得最大功率，最大功率为

$$P_{max} = \frac{u_{oc}^2}{4R_0} = \frac{5^2}{4 \times 5} = 1.25 \text{ W}$$

第 2 章　正弦稳态电路的相量分析法

2.1　重点内容及学习指导

2.1.1　正弦交流电路的基本概念

正弦交流电不同于直流电,其大小和方向随时间不断变化,因此描述正弦交流电的物理量及概念也就不同。正弦量有瞬时值、振幅值、有效值和平均值,它们的含义和符号都不同。瞬时值是正弦量在不同瞬间的值,一般用小写字母如 $i(t_k)$、$u(t_k)$ 或 i、u 来表示;振幅值是瞬时值中最大的,用 U_m(或 I_m)表示;有效值是从热效应角度提出的,用 U(或 I)表示,是振幅的 $1/\sqrt{2}$ 倍,通常用有效值描述正弦量的大小;正弦量平均值是指由零点开始半个周期内的平均值,用 U_{av}(或 I_{av})表示,是振幅的 $2/\pi$ 倍。

正弦量的三要素是振幅、角频率和初相,通常用相位差 φ 描述同频率正弦量之间的相位关系。

正弦交流电本身存在着一些独特的优良特性。这是因为在所有作周期性变化的函数中,正弦函数为简谐函数,同频率的正弦量通过加、减、积分、微分等运算后,其结果仍为同一频率的正弦函数,这使得电路的计算比较简单。

2.1.2　正弦量的相量表示及相量图

正弦量共有三种表示方法:解析式、波形图、相量式。在工程中广泛采用相量法来分析正弦交流电路,这样不仅可以大大简化直接用解析式加减的繁琐运算,还可以将瞬时值的微分方程变为相量的代数方程,使电路方程的求解变得更容易。

相量表示法实际上采用的是复数表示形式,因此相量法是以复数运算为基础的。相量法是本章最重要的问题,请读者务必熟练掌握。

为了直观形象地表示出同频率正弦量的大小和相位关系,还可将其以复矢量的形式画在复平面内,这就是相量图。

2.1.3　R、L、C 各元件的相量模型

电阻、电感、电容的时域 VCR 关系式为

$$u_R(t) = Ri_R(t) \qquad u_L(t) = L\frac{\mathrm{d}i_L(t)}{\mathrm{d}t} \qquad i_C(t) = C\frac{\mathrm{d}u_C(t)}{\mathrm{d}t}$$

应用时域关系式推出它们的相量关系式为

$$\dot{U}_R = R\dot{I}_R \qquad \dot{U}_C = -\mathrm{j}\frac{1}{wC}\dot{I}_C \qquad \dot{U}_L = \mathrm{j}wL\dot{I}_L$$

以上各元件 VCR 的相量关系式是正弦电路相量分析法的理论依据。此外,正弦量的相

量满足基尔霍夫定律,其一般表达式是: $\sum \dot{I} = 0$(相量形式的 KCL)和 $\sum \dot{U} = 0$(相量形式的 KVL)。

2.1.4　复阻抗与复导纳及正弦电路的相量分析法

复阻抗是正弦电路中一个非常重要的物理量,其表达式为

$$Z = \frac{\dot{U}}{\dot{I}} = R + jX = |Z| \angle \varphi (\Omega)$$

其中阻抗的模

$$|Z| = \frac{U}{I} = \sqrt{R^2 + X^2}$$

阻抗角

$$\varphi = \psi_u - \psi_i = \arctan \frac{X}{R}$$

复导纳是复阻抗的倒数,即

$$Y = \frac{\dot{I}}{\dot{U}} = \frac{1}{Z}(S)$$

说明:正弦电路中,阻抗、导纳的串/并联特性与电阻、电导的串/并联相类似,具体分析方法详见后面的习题详解。

2.1.5　谐振电路

谐振,是正弦交流电路中一种物理现象,它在电工和电子技术中得到广泛应用;但它也可能给电路系统造成危害。因此,研究电路的谐振现象有着重要的实际意义。谐振分串联谐振和并联谐振。

1. 谐　振

谐振:含有电感和电容的电路,对于正弦信号所呈现的阻抗一般为复数。如 RLC 串联电路中,若调整电路参数后使得阻抗为纯电阻性,则称电路发生了谐振(或共振)。

2. 谐振特性

(1) RLC 串联谐振

① 谐振时 $X_L = X_C$,电路的复阻抗 $Z = R$。

② 谐振时电路的阻抗 $|Z|$ 最小,故这时电流值达到最大:$I = I_0 = \frac{U_s}{R}$。此即电视机、收音机等的选台原理,选台过程叫做调谐过程。

③ 因谐振时电路呈纯阻性,电路的有功功率 $P = UI\cos \varphi = UI = S$,而无功功率 $Q = UI\sin \varphi = 0$。这说明在串联谐振时电源供给的能量全部是有功功率被电阻所消耗,电源与电路之间不发生能量的互换,能量的互换仅发生在电感线圈与电容器之间。

④ 在 RLC 串联谐振电路中,在电压一定的条件下,对应于不同频率可求出不同的电流值,把电流与频率之间的关系曲线称为谐振曲线。在谐振曲线中,把电流值等于谐振电流 I_0 的 $1/\sqrt{2} = 0.707$ 倍的频率范围称为谐振电路的通频带,用 Δf 或 $\Delta \omega$ 表示。通频带越宽,表明电路对信号频率的适应能力越强。

⑤ 谐振时的感抗或容抗与电阻的比值称为串联谐振电路的品质因数,用 Q 表示。Q 值

越大,谐振曲线越尖锐,表明选择信号的能力越强。然而,品质因数与通频带成反比,即 $\Delta f = \dfrac{f_0}{Q}$。由此可知,品质因数越高,电路的通频带越窄,选择信号的能力越强;若品质因数越小,则通频带越宽,选择信号的能力越差。工程上,若信号占的频带窄,则应用高 Q 值电路;若信号占有的频带宽,就必须用小 Q 值的电路,以便增加通频带,有利于选择有用的信号。

　　(2) RLC 并联谐振

　　① 谐振时电纳为零,即感纳 $B_L =$ 容纳 B_C,电路的复导纳 $Y=G$,呈现纯电导性。

　　② 谐振时电路的导纳 $|Y|$ 最小,故这时电流达到最小值。

　　③ 电阻 R 与谐振时的感抗或容抗的比值称为 RLC 并联谐振电路的品质因数,也用 Q 表示。

2.1.6　三相电路

1. 三相电源和三相负载

对称三相电源:指三相电压的幅值和频率相等,相位互差 120°。

对称三相负载:指三相负载的模值相等,幅角相等。

2. 三相电路

Y - Y 连接的三相电路:

线电流 I_l、相电流 I_P、线电压 U_l、相电压 U_P 之间的关系如下:

$$I_l = I_P \qquad U_l = \sqrt{3}\, U_P$$

Y - △ 连接的三相电路:

$$U_l = U_P \qquad I_l = \sqrt{3}\, I_P$$

2.1.7　互感耦合电路

1. 自感电压与互感电压

互感是发生在两个或两个以上线圈的电磁感应现象。发生互感的线圈,当一个线圈通有电流时,该电流除在其自身两端产生自感电压 u_L 外,同时还要在和它发生互感的线圈上产生互感电压 u_M。u_L 与 u_M 的一般表达式为:

自感电压:　　　$u_L = \pm L\dfrac{\mathrm{d}i}{\mathrm{d}t}$(时域关系式)　　　　$\dot{U}_L = \pm \mathrm{j}\omega L \dot{I}$(相量关系式)

互感电压:　　　$u_M = \pm M\dfrac{\mathrm{d}i}{\mathrm{d}t}$(时域关系式)　　　　$\dot{U}_M = \pm \mathrm{j}\omega M \dot{I}$(相量关系式)

　　说明:自感电压前"＋"、"－"号可直接根据自感电压与产生它的电流是否为关联方向确定,关联时取"＋"号,非关联时取"－"号;互感电压前"＋"、"－"号的选择需借助同名端,如果互感电压的"＋"极端子与产生它的电流流进的端子为一对同名端,则互感电压前取"＋"号,反之取"－"号。

2. 互感线圈的同名端

假定给互感线圈同时通以电流,且电流与磁通的方向符合右手螺旋定则,当各电流产生的磁通是相互加强时(即方向相同时),则电流流进或流出的端子为同名端。

2.2　典型例题分析

例 2 - 1　试作出 $i(t) = I_m \sin \omega t$，$u_R(t) = U_{Rm} \sin \omega t$，$u_C(t) = U_{Cm} \sin(\omega t - 90°)$，$e(t) = e_m \sin(\omega t - 180°)$ 的波形图，并分析它们的相位关系。

解　本题所给正弦量都是同频率的，为了分析问题方便，通常将计时起点选得使其中一个正弦量的初相为零，这个被选初相为零的正弦量称为参考正弦量。其他正弦量的初相就等于它们与参考正弦量的相位差。

以 ωt 为坐标轴，纵坐标代表 i、u、e 等。根据解析式，按比例作出 i、u_R、u_C、e 的波形，如例 2 - 1 图所示。

i 的初相为零，故选它为参考正弦量。正弦电压 u_R 的初相为零，所以 u_R 与 i 同相。正弦电压 u_C 的初相为 $-90°$，较 i 滞后 $90°$，所以 u_C 与 i 正交，正弦电动势 e 与 i 相位差为 $180°$，所以 e 与 i 反相。

例 2 - 2　荧光灯导通后，镇流器与灯管串联，其电路模型如例 2 - 2 图所示。已知工频电源电压 $U = 220$ V，$f = 50$ Hz，镇流器电阻 $R = 20$ Ω，电感 $L = 1.65$ H，测得镇流器两端电压 $U_2 = 190$ V，试求灯管电压 U_1 及灯管电阻 R_1。

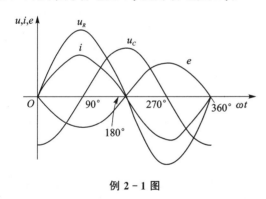

例 2 - 1 图

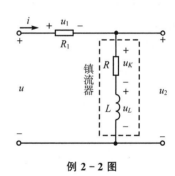

例 2 - 2 图

解　由已知镇流器端电压 $U_2 = 190$ V，它的阻抗为

$$|Z_2| = \sqrt{R^2 + (\omega L)^2}$$

$$= \sqrt{20^2 + (2 \times 3.14 \times 50 \times 1.65)^2} = 518.5 \ \Omega$$

所以
$$I = U_2/Z_2 = 190/518.5 \ \text{A} = 0.366 \ \text{A}$$

$$U_R = I_R = 0.366 \times 20 = 7.32 \ \text{V}$$

$$U_L = \omega L I = 314 \times 1.65 \times 0.366 = 189.6 \ \text{V}$$

各电压有效值间的关系为

$$U^2 = (U_1 + U_R)^2 + U_L^2$$

所以灯管电压

$$U_1 = \sqrt{U^2 - U_L^2} - U_R = (\sqrt{220^2 - 189.6^2} - 7.32) \ \text{V} = 104.3 \ \text{V}$$

灯管电阻　　　　　　　$R_1 = U_1/I = 104.3/0.366 = 285 \ \Omega$

例 2 - 3　例 2 - 3 图(a)所示为 RLC 串联的正弦交流电路，已知电压表的读数为 $V_1 = 3$ V，

$V_2 = 4$ V，$V_3 = 8$ V，问电压表读数 V 等于多少？

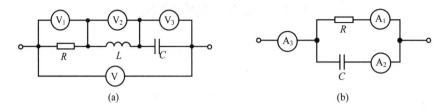

例 2 - 3 图

解　在交流电路中，电压表测量的是有效值，因此本电路已知各串联元件端电压的有效值 U_R、U_L、U_C，求总电压的有效值 U。由于正弦量即有大小也有初相角，在复平面内可以用一条有向线段(即相量图)表示，这个特性类似于物理中学过的矢量(如力)。因此，其有效值不能直接相加减，即不满足基尔霍夫定律，$U \neq U_R + U_L + U_C$，而只有瞬时值、相量才满足基尔霍夫定律。利用作出各电压相量图的方法，不难推出，图中各电压有效值满足以下关系：

$$U = \sqrt{U_R^2 + (U_L - U_C)^2}$$

将已知数据代入上式，求得总电压 U 的有效值为

$$U = \sqrt{3^2 + (4 - 8)^2} = \sqrt{25} = 5 \text{ V}$$

所以电压表的读数 V = 5 V。

利用式 $U = \sqrt{U_R^2 + (U_L - U_C)^2}$，知道其中任意 3 个电压，即可求出未知电压。

同理，对于 RLC 并联的正弦交流电路，各并联支路电流的有效值 I_R、I_L、I_C 和总支路电流有效值 I 应满足以下关系

$$I = \sqrt{I_R^2 + (I_L - I_C)^2}$$

例如，在例 2 - 3 图(b)所示正弦交流电路中，已知电流表的读数为 $A_1 = 2$ A，$A_2 = 5$ A，则电流表读数 A_3 为：$I_3 = \sqrt{2^2 + (0 - 5)^2} = \sqrt{4 + 25} = \sqrt{29} \approx 5.4$ A。

例 2 - 4　已知二端网络 ab 如例 2 - 4 图(a)所示，试求其输入阻抗 Z_{ab} 和输入导纳 Y_{ab}，以及该二端网络的最简串联等效电路和并联等效电路($\omega = 20$ rad/s)。

解　图示(a)是一个无源(独立源和受控源)线性二端网络的相量模型，求其输入阻抗(等效阻抗)和输入导纳(等效导纳)的方法与前面学习的求纯电阻电路的等效电阻和电导的方法相同。

输入阻抗为

$$Z_{ab} = 3 + j3 + (-j1) \ /\!/ \ (1 - j1)$$
$$= 3 + j3 + \frac{-j1 \times (1 - j1)}{1 - j1 - j1} = \frac{16}{5} + j\frac{12}{5} = (3.2 + j2.4) \ \Omega$$

输入导纳为

$$Y_{ab} = \frac{1}{Z_{ab}} = \frac{1}{\frac{16}{5} \times j\frac{12}{5}} = \frac{4}{20} - j\frac{3}{20} = (0.2 - j0.15) \ S$$

由输入阻抗的结果可知，图(a)所示二端网络的最简串联等效电路是一个电阻 R 和一个电感 L 的串联组合，且 $R = 3.2 \ \Omega$，$L_1 = \omega L / \omega = 2.4/20 = 0.12$ H。串联等效电路如图(b)

所示。

由输入导纳的结果可知,该二端网络的最简并联等效电路是一个电导 G 和一个电感 L_2 的并联组合,且 $G = 0.2$ S,$L_2 = \omega L / \omega = (20/3)/20 \approx 1/3$ H。并联等效电路如图(c)所示。

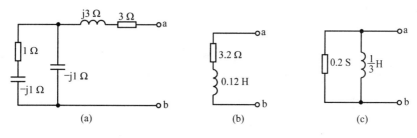

例 2 − 4 图

例 2 − 5　例 2 − 5 图所示正弦电路,已知 $R = 1$ kΩ,$I_C = \sqrt{3}\,I_R$,要使端口输入电压 $\dot{U}$ 超前电阻 R 端电压 $\dot{U}_R$ 45°,试求电感的感抗 X_L。

解　设电路中各支路电压、电流的参考方向如图所示。由题意知 $I_C = \sqrt{3}\,I_R$,故得 $\dfrac{1}{\omega C} = \dfrac{1}{\sqrt{3}}R$。

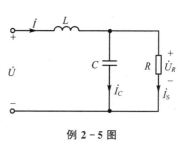

例 2 − 5 图

根据串联阻抗分压公式得

$$\dot{U}_R = \frac{R \mathbin{/\mkern-5mu/} \left(\dfrac{1}{\mathrm{j}\omega C}\right)}{\mathrm{j}\omega L + R \mathbin{/\mkern-5mu/} \left(\dfrac{1}{\mathrm{j}\omega C}\right)} \cdot \dot{U} = \frac{R}{\mathrm{j}\omega L + R - \omega^2 C L R} \cdot \dot{U}$$

因为 $\dot{U}$ 超前 $\dot{U}_R$ 45°,所以可得 $\omega L = R - \omega^2 C L R = R - \omega L \cdot \omega C \cdot R$,由此解出感抗为

$$X_L = \omega L = \frac{R}{1 + R \cdot \omega C} = \frac{R}{1 + R \cdot \dfrac{\sqrt{3}}{R}} = \frac{10^3}{1 + \sqrt{3}} \approx 366 \ \Omega$$

例 2 − 6　负载在 120 V 电压源的作用下吸收的平均功率为 9.6 kW,功率因数为 0.8(滞后)。求负载的阻抗及其复功率。

解　由于功率因数滞后,所以负载为感性负载,无功功率大于零。由已知可以求得视在功率 S 为

$$S = \frac{P}{\cos\varphi} = \frac{9.6 \times 10^3}{0.8} = 12 \ \text{kV} \cdot \text{A}$$

无功功率 Q 为　　　　$Q = S\sin\varphi = S\sqrt{1 - \cos^2\varphi} = 12 \times \sqrt{1 - 0.8^2} = 12 \times 0.6 = 7.2 \ \text{kvar}$

因为平均功率　　　　$P = UI\cos\varphi = 120 \times I \times 0.8 = 9\,600 \ \text{W}$

由此解得电流　　　　　　　　　　　　$I = 100 \ \text{A}$

负载阻抗的大小为

$$|Z| = \frac{U}{I} = \frac{120}{100} = 1.2 \ \Omega$$

负载阻抗的阻抗角即为功率因数角,即

$$\varphi = \cos^{-1}(0.8) = 36.87°$$

由以上计算可得负载阻抗为

$$Z = |Z| \angle \varphi = 1.2 \angle 36.87° \ \Omega$$

负载的复功率为

$$\tilde{S} = P + jQ = (9.6 + j7.2) \ \text{kV} \cdot \text{A}$$

例 2 - 7　试求例 2 - 7 图所示二端网络的输入阻抗 Z_{AB}。

解　本例中由于含有受控源,故求等效阻抗时用"外施电源法"进行求解。

假设在 A、B 两端子间外加电压 $\dot{U}_1$,则端子上电流为 $\dot{I}_1$,其参考方向如图所示。由 KVL 的相量形式得

$$\begin{cases} \dot{U}_1 = j1 \times (\dot{I}_1 - \dot{U}) + \dot{U} \\ \dot{U} = 2 \ // \ (-j4) \times \dot{I}_1 \end{cases}$$

联立求解得

$$\dot{U}_1 = \left(\frac{4}{5} - j\frac{7}{5}\right)\dot{I}_1$$

故得输入阻抗为

$$Z_{AB} = \frac{\dot{U}_1}{\dot{I}_1} = \left(\frac{4}{5} - j\frac{7}{5}\right) \Omega$$

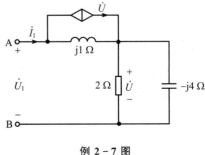

例 2 - 7 图

例 2 - 8　一台三相电动机,额定功率 $P_N = 75 \ \text{kW}$,$U_N = 3\ 000 \ \text{V}$,$\cos \varphi_N = 0.85$,效率 $\eta_N = 0.82$,试求额定状态运行时,电机的电流 I_N 为多少? 电机的有功功率、无功功率及视在功率各为多少?

解　电机的额定功率 P_N 是指机轴上输出的机械功率,则电动机的电功率 P 为

$$P = \frac{P_N}{\eta_N} = \frac{75}{0.82} = 91.5 \ \text{kW}$$

又

$$P_N = \sqrt{3} U_N I_N \cos \varphi_N \eta_N$$

故电机的额定电流为

$$I_N = \frac{P_N}{\sqrt{3} U_N \cos \varphi_N \eta_N} = \frac{75 \times 10^3}{\sqrt{3} \times 3\ 000 \times 0.85 \times 0.82} = 20.71 \ \text{A}$$

电机的容量(即视在功率)为

$$S = \sqrt{3} U_N I_N = \sqrt{3} \times 3\ 000 \times 20.71 = 107\ 609 \ \text{V} \cdot \text{A} = 107.6 \ \text{kV} \cdot \text{A}$$

电机消耗的无功功率为

$$Q = \sqrt{S^2 - P^2} = \sqrt{107.6^2 - 91.5^2} = 56.6 \ \text{kvar}$$

例 2 - 9　在实际工程中,经常以电感线圈和电容器组成并联谐振电路,如例 2 - 9 图(a)所示。试将其等效为由电阻、电感、电容相并联组成的并联谐振电路。

解　由图(a)可写出其等效阻抗的表达式为

$$Z = \frac{-j\dfrac{1}{\omega C}(R + j\omega L)}{R + j\omega L - j\dfrac{1}{\omega C}}$$

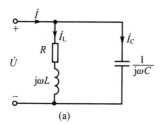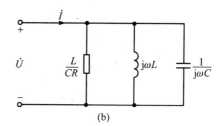

例 2 - 9 图

在实际应用中,只要满足 $\omega L \gg R$,就可以忽略分子中的 R。则此时 Z 可近似写为

$$Z \approx \frac{\dfrac{L}{C}}{R + \mathrm{j}\left(\omega L - \dfrac{1}{\omega C}\right)} = \frac{1}{\dfrac{CR}{L} + \mathrm{j}\left(\omega C - \dfrac{1}{\omega L}\right)}$$

即导纳为

$$Y = \frac{CR}{L} + \mathrm{j}\left(\omega C - \frac{1}{\omega L}\right)$$

上式表明数值为 $\dfrac{L}{CR}$ 的电阻和 L、C 并联。根据上式可画出如图(b)所示的三个元件并联的等效电路。

例 2 - 10　例 2 - 10 图所示电路中,已知 $u_S = 14.1\sin(\omega t)\,\mathrm{V}$,$R = 3\ \Omega$,$\omega L_1 = \omega L_2 = 4\ \Omega$,$\omega M = 2\ \Omega$,求 ab 端电压 u_{ab} 和 U_{ab}。

解　ab 端开路,线圈 L_2 中无电流,因此线圈 L_1 中不产生互感电压。

选定线圈 L_1 的电流 i_1 参考方向如图所示。由已知

$$\dot{U}_S = \frac{14.1}{\sqrt{2}} \angle 0° = 10 \angle 0°\ \mathrm{V}$$

可求得

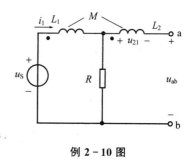

例 2 - 10 图

$$\dot{I}_1 = \frac{\dot{U}_S}{R + \mathrm{j}\omega L_1} = \frac{10 \angle 0°}{3 + \mathrm{j}4} = 2 \angle -53.1°\,\mathrm{A}$$

选定互感电压 u_{21} 的参考方向如图所示,由图可以看出,互感电压 u_{21} 的"+"极端子与产生它的电流 i_1 流进的端子是同名端,所以以互感电压

$$\dot{U}_{21} = \mathrm{j}\omega M \dot{I}_1 = \mathrm{j}2 \times 2 \angle -53.1° = 4 \angle 36.9°\,\mathrm{V}$$

所以 ab 端开路电压为

$$\dot{U}_{ab} = -\dot{U}_{21} + \dot{I}_1 R = -4 \angle 36.9° + 2 \angle -53.1° \times 3 = -(3.2 + \mathrm{j}2.4) + (3.6 - \mathrm{j}4.8)$$
$$= 0.4 - \mathrm{j}7.2 = 7.21 \angle -86.8°$$

$$u_{ab} = 7.21\sqrt{2}\sin(\omega t - 86.8°) = 10.2\sin(\omega t - 86.8°)\,\mathrm{V}$$

第 3 章　常用半导体器件

3.1　重点内容及学习指导

3.1.1　半导体基础知识

1. 本征半导体

本征半导体又叫纯净半导体,由于其内部稳固的共价键结构,使其导电能力很弱。在绝对零度时,本征半导体中没有载流子,是良好的绝缘体;但在一定温度下,本征半导体内会发生本征激发现象,产生两种带电性质相反的载流子——自由电子空穴对。温度越高、光照越强,本征激发越强。

2. 杂质半导体

在本征半导体中掺入其他元素便构成杂质半导体,杂质半导体有 N 型和 P 型两种。N 型半导体中的多子是自由电子,少子是空穴;P 型半导体中的多子是空穴,少子是自由电子。多子浓度决定于掺入杂质的浓度,而少子浓度决定于本征激发的程度。杂质半导体的导电能力远远大于本征半导体。

在 N 型半导体中,自由电子数=空穴数+正离子数;在 P 型半导体中,空穴数=自由电子数+负离子数,所以这两种杂质半导体对外都呈电中性。

3. PN 结

如果将一块本征半导体的一侧掺杂成为 P 型半导体,另一侧掺杂成为 N 型半导体,则最终在二者的交界面上形成一个稳定的空间电荷区(耗尽区、内电场、势垒区),这就是 PN 结。

PN 结具有单向导电性:正向偏置时导通,表现出的正向电阻很小,正向电流 I 较大;反向偏置时截止,表现出的反向电阻很大,反向电流 I_S 几乎为零。

PN 结的结电容 C_J 由势垒电容 C_T 和扩散电容 C_D 组成,即 $C_J = C_T + C_D$。

3.1.2　半导体二极管

1. 二极管特性及参数

二极管的内部就是一个 PN 结,因此 PN 结所有特性,二极管都具有,其主要特性是单向导电性。

二极管的伏安特性:死区电压,反向击穿电压。

2. 含二极管电路的分析方法

① 图解分析法。利用二极管的伏安特性曲线与外电路所确定的负载线,用作图的方法进行分析。

② 简化模型分析法。将电路中的二极管用简化电路模型替代,再用线性电路的分析方法进行分析。画电路模型时,若为理想二极管,正偏相当于一条导线,反偏相当于开路;若为一般

二极管,正偏相当于一个 0.7 V(硅管,若是锗管则用 0.3 V)的电压源,反偏相当于开路。

3.1.3　半导体三极管

三极管内部由两个 PN 结构成。

1. 三极管的伏安特性曲线

共射输入特性曲线:类似于二极管的正向伏安特性曲线。硅管 u_{BE} 为 0.5 V 导通,工作时为 0.6~0.7 V;锗管 u_{BE} 为 0.1 V 导通,工作时为 0.2~0.3 V。当温度变化时 u_{BE} 将随之变化,且温度每升高 1 ℃时,u_{BE} 要减小 2~2.5 mV,输入特性曲线会左移。

共射输出特性曲线:包含三个区(放大区、饱和区、截止区),对应三极管的三种不同工作状态(放大状态,饱和状态、截止状态)。当温度变化时会引起电流放大系数 β 的变化,温度越高 β 越大,温度每升高 1 ℃,β 值增大 0.5%~1%。由于 β 反映了输出特性曲线放大区平行线的间距,因而温度升高,输出特性曲线上移且间距增大。

2. 三极管工作状态的分析

① 首先判断三极管的发射结是否处于正偏导通,若发射结未正偏导通,则三极管必处于截止状态。

② 若发射结正偏导通,则三极管可能处于放大或饱和状态,具体为哪一个状态,取决于集电结的偏置状态,常采用两种方法判断。

方法一:假定放大状态法。假定三极管处于放大状态,则有 $U_{BE}=U_{BE(on)}$,$I_C=\beta I_B$,此时三极管可用放大状态下的直流等效模型替代,由所给的偏置电路计算集电极电位,判读集电结正偏还是反偏。若反偏,表明开始的假定是正确的,三极管处于放大状态;反之,说明假定是错误的,三极管只能处于饱和状态。

方法二:假定临界饱和法。假定三极管处于临界饱和状态,则此时 $U_{BE}=U_{BE(on)}$,$U_{CES}=U_{BE(on)}$,根据所给的偏置电路计算集电极临界饱和电流 I_{CS} 和基极临界饱和电流 $I_{BS}=I_{CS}/\beta$,再由偏置电路计算实际的基极电流 I_B。若 $I_B<I_{BS}$,说明三极管处于放大状态;若 $I_B=I_{BS}$,说明三极管处于临界饱和状态;若 $I_B>I_{BS}$,说明三极管导通后已越过临界饱和线进入深度饱和状态。

3.1.4　场效应管

场效应管(FET)是利用电场效应来控制电流大小的半导体器件。其特点是控制端基本上不取电流,属于电压控制器件,参与导电的载流子只有一种——多子,因而场效应管是一种单极型晶体管。它具有输入电阻高,内部噪声小,抗辐射能力强,温度稳定性好,工作频率高,制造工艺简单,易于大规模集成等优点。

1. MOSFET 与 JFET(结型场效应管)的主要区别

MOSFET:利用外加电压 u_{GS} 控制半导体表面的电场效应,通过改变感生导电沟道的宽窄来控制电流 i_D。

JFET:利用外加电压 u_{GS} 控制半导体的电场效应,通过改变耗尽层的宽窄从而改变导电沟道的宽窄继而来控制电流 i_D。

2. 增强型与耗尽型管的主要区别

以 N 沟道管为例来阐述两者的区别。P 沟道管正好与 N 沟道相反,只要将下面各不等式中的">"和"<"进行互换,就能得到 P 沟道管的特性。

增强型:在压 $u_{GS}=0$ 时,原始的导电沟道不存在,$i_D=0$;当 $u_{GS}>U_{TN}$(开启电压)时,出现感生导电沟道(反型层),产生 i_D,且当 $u_{GS}\uparrow\rightarrow$ 感生导电沟道变宽 $\rightarrow i_D\uparrow$。夹断条件为 $u_{GD}\leqslant U_{TN}$,即 $u_{DS}\geqslant u_{GS}-U_{TN}$。对 N 沟道:$U_{TN}>0$;对 P 沟道:$U_{TN}<0$。

耗尽型:在 $u_{GS}=0$ 时自建电场,原始的导电沟道已存在,$i_D\neq0$;当 $u_{GS}>0$ 时,加强原电场,导电沟道变宽,i_D 增大;当 $u_{GS}<0$ 时,削弱原电场,导电沟道变窄,i_D 减小。夹断条件为 $u_{GD}\leqslant U_{TP}$(夹断电压),即 $u_{DS}\geqslant u_{GS}-U_{TP}$。

3.2　典型例题分析

例 3-1 二极管电路如例 3-1 图所示,试判断图中的二极管是导通还是截止? 并求输出电压 u_o。设二极管为理想二极管。

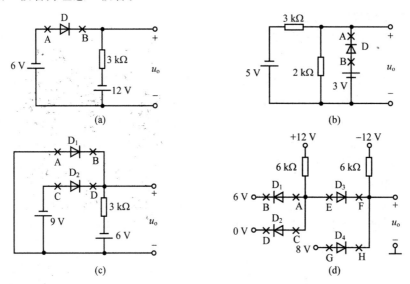

例 3-1 图

解 判断二极管正、反偏情况,一般方法是断开二极管,并以它的两个电极作为端口求出端口电压(二极管阳极端为端口电压的参考正极,阴极端为参考负极),根据电压的正负判断其正偏导通还是反偏截止。如果判断过程中电路出现两个或两个以上的二极管承受大小不等的正向电压,则应判定承受正向电压较大者优先导通,其两端电压为导通电压,然后再用上述方法判断其他二极管的导通状态。

图(a)中,将二极管断开,如图所示。则断开处 A、B 间电压为 $U_{AB}=-6+12=6\text{ V}>0$(因二极管断开后电阻中无电流,故不考虑其上电压),即 A 点电位高于 B 点,所以二极管正偏导通。又因二极管可视为理想二极管,所以此时二极管等效为一根导线,因此可求出输出电压 $u_o=-6\text{ V}$。

图(b)中,将二极管断开,如图所示。则 $U_{AB}=-5\times\dfrac{2}{3+2}+3=1\text{ V}>0$,即 A 点电位高于 B 点,二极管反偏截止,相当于开路,所以可求出输出电压 $u_o=-5\times\dfrac{2}{3+2}=-2\text{ V}$。

图(c)中所示电路中有两只二极管,根据本题介绍的方法,首先断开 D_1 和 D_2,则 D_1 两端电压 $U_{AB}=6$ V, D_2 两端电压 $U_{CD}=-9+6=-3$ V。因此 D_1 正偏导通, D_2 反偏截止。在 D_1 导通的情况下(D_1 处等效为一根导线),再断开 D_2,此时 D_2 两端电压 $U_{CD}=-9$ V,所以 D_2 反偏截止。等效电路为: D_1 处相当于一根导线, D_2 处相当于开路,可求得输出电压 $u_o=0$ V。

图(d)所示电路中共有四只二极管,首先将四只二极管都断开,可求出其两端电压分别为: $U_{AB}=12-6=6$ V, $U_{CD}=12$ V, $U_{EF}=12+12=24$ V, $U_{GH}=8+12=20$ V。显然,四只二极管承受大小不等的正向电压,且 D_3 两端电压最大,所以根据上面介绍的判断方法可知, D_3 优先导通, D_3 处等效为一根导线。在 D_3 导通的情况下,再断开剩下的 D_1、D_2、D_4,此时其两端电压分为为: $U_{AB}=\dfrac{-12-12}{2}+12-6=-6$ V, $U_{CD}=\dfrac{-12-12}{2}+12=0$ V, $U_{GH}=8-12-\dfrac{-12-12}{2}=8$ V。因此 D_4 导通,等效为一根导线。在 D_3、D_4 都已导通的情况下,再一次断开 D_1 和 D_2,求出其端电压分别为: $U_{AB}=8-2=6$ V, $U_{CD}=8$ V。因此 D_2 导通,等效为一根导线。此时,需要注意,由于 D_2 和 D_4 的导通而使得 D_3 两端电压 $U_{EF}=-8$ V,使 D_3 截止。 D_2 和 D_4 导通, D_3 截止时, D_1 端电压 $U_{AB}=-6$ V,所以 D_1 截止。

因此,电路最终是 D_2、D_4 导通, D_1、D_3 截止。所以求得输出电压 $u_o=8$ V。

例 3 - 2　试判断例 3 - 2 图中二极管是导通还是截止。

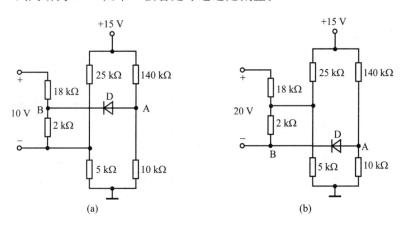

例 3 - 2 图

解　将图(a)中二极管断开,则其两端电压为

$$U_{AB}=\frac{10}{140+10}\times15-\frac{5}{25+5}\times15-\frac{2}{18+2}\times10=1-2.5-1=-2.5 \text{ V}$$

由于 U_{AB} 为负值,表明 A 点电位低于 B 点电位,所以二极管反偏截止。

将图(b)电路中二极管断开,则其两端电压为

$$U_{AB}=\frac{10}{140+10}\times15-\frac{5}{25+5}\times15+\frac{2}{18+2}\times20=1+2.5-2=1.5 \text{ V}$$

由于 U_{AB} 为正值,表明 A 点电位高于 B 点电位,所以二极管正偏导通。

例 3 - 3　电路如例 3 - 3 图所示。已知 $R_1=5$ kΩ, $R_2=10$ kΩ, $R_3=2$ kΩ, $V_{CC}=15$ V,试估算图中流过二极管的电流 I_D 以及 A 点电位 V_A。设二极管的正向压降 $U_D=0.7$ V。

解　首先将图中二极管 D 断开,可求得其两端电压 U_{AB} 为

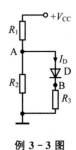

$$U_{AB} = \frac{R_2}{R_1 + R_2} \times V_{CC} = \frac{10}{5+10} \times 15 = 10 \text{ V}$$

故二极管正偏导通。对于节点 A,应用 KCL 得

$$\frac{V_{CC} - V_A}{R_1} = \frac{V_A}{R_2} + \frac{V_A - U_D}{R_3} \qquad 即 \qquad \frac{15 - V_A}{5} = \frac{V_A}{10} + \frac{V_A - 0.7}{2}$$

解上式,得 A 点电位 $V_A \approx 4.19$ V。

例 3 - 3 图

流过二极管的电流 I_D 为

$$I_D = \frac{V_A - U_D}{R_3} = \frac{4.19 - 0.7}{2} \approx 1.75 \text{ mA}$$

例 3 - 4　如例 3 - 4 图(a)所示电路中两只稳压管完全相同,已知稳压管稳压值 $U_Z =$ 8.5 V,输入电压 $u_i = 12 \sin \omega t$ (v),u_i 波形如图(b)所示。试画出输出电压 u_o 的波形(设稳压管正向导通电压为 0)。

解　输入正弦波正半周时,稳压管 DZ_1 正向导通,稳压管 DZ_2 反偏。当反偏电压的幅值小于稳压管的稳压值时,稳压管 DZ_2 截止;当等于或大于稳压值时,稳压管 DZ_2 反向击穿,输出电压为稳压管稳压值 8.5 V。

在输入正弦电压负半周时,稳压管 DZ_2 正向导通,DZ_1 反偏,当反偏电压的幅值小于稳压管的稳压值时,稳压管 DZ_1 截止;当等于或大于稳压值时,稳压管 DZ_1 反向击穿,输出电压为稳压管稳压值 8.5 V。

根据以上分析可画出输出电压 u_o 的波形,如例 3 - 4 图(b)所示。

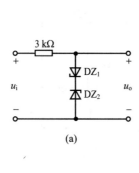

(a)

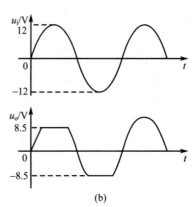

(b)

例 3 - 4 图

例 3 - 5　例 3 - 5 图所示电路中,硅三极管的 $\beta = 100$,$I_{CBO} \approx 0$。试通过计算判断当 R_B 分别等于 200 kΩ 和 50 kΩ 时,三极管工作在什么状态?

解　$R_B = 200$ kΩ,设三极管工作在放大状态,取 $U_{BE} = 0.7$ V,则

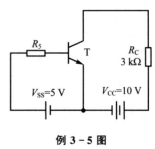

例 3 - 5 图

$$I_C = \beta I_B = \beta \frac{V_{BB} - U_{BE}}{R_B} = \frac{100 \times 4.3}{200} = 2.15 \text{ mA}$$

$$U_{CE} = V_{CC} - I_C R_C = 10 - 3 \times 2.15 = 3.55 \text{ V}$$

因为 $U_{CE} > U_{BE}$,集电结反偏,所以假设成立,三极管工作在放大状态。

$R_B = 50$ kΩ,设三极管工作在放大状态,取 $U_{BE} = 0.7$ V,则

$$I_C = \beta I_B = \beta \frac{V_{BB} - U_{BE}}{R_B} = \frac{100 \times 4.3}{50} = 8.6 \text{ mA}$$

$$U_{CE} = V_{CC} - I_C R_C = 10 - 3 \times 8.6 = -15.8 \text{ V}$$

由于 NPN 管工作在放大状态时 U_{CE} 不可能负值,故假定不成立,所以三极管已进入饱和区。

取饱和时的 $U_{CES} = 0.2$ V,则

$$I_C = \frac{V_{CC} - U_{CES}}{R_C} = \frac{10 - 0.2}{3} = \frac{9.8}{3} \approx 3.27 \text{ mA}$$

3.27 mA 为改变 R_B 时,I_C 可能达到的最大电流。

例 3-6 在例 3-6 图所示电路中,已知三极管发射结正偏时 $U_{on} = 0.7$ V,深度饱和时其管压降 $U_{CES} = 0$,$\beta = 60$。

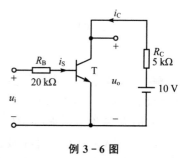

例 3-6 图

① 试分析 $u_i = 0$ V 和 5 V 时,三极管处于何种工作状态,并求 u_o。

② 分析 $u_i = 1$ V 时,三极管处于何种工作状态,并求电路中电流 i_C 和输出电压 u_o。

解 ① 当 $u_i = 0$ 时,发射结压降为零,即 $u_{BE} = 0 < U_{on}$,因而三极管处于截止状态,此时 $i_B = i_C = 0$,因而 $u_o = 10$ V。

当 $u_i = 5$ V 时,发射结将正偏,既 $u_{BE} = 0.7$ V,从输入回路可计算出

$$i_B = \frac{u_i - u_{BE}}{R_B} = \frac{5 - 0.7}{20} \approx 0.215 \text{ mA}$$

则
$$I_C = \beta I_B = 12.9 \text{ mA}$$

而 i_C 最大只能为 $i_{C\max} = V_{CC}/R_C = 2$ mA ,因而 $i_C < \beta i_B = 12.9$ mA ,所以三极管处于饱和状态。

② 当 $u_i = 1$ V 时,发射结正偏,$u_{BE} = 0.7$ V,则 $i_B = (u_i - u_{BE})/R_B = 15$ μA。由于 $i_C = \beta i_B = 0.9$ mA $< i_{C,\max} = 2$ mA ,说明三极管处于放大状态。输出电压

$$u_o = V_{CC} - i_C R_C = 10 - 5 \times 0.9 = 5.5 \text{ V}$$

$u_{CE} = u_o > U_{BE}$,因而集电结反偏,说明三极管处于放大状态。

例 3-7 例 3-7 图中的结型 FET 分别工作在什么区?

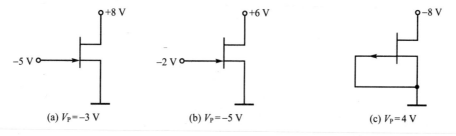

(a) $V_P = -3$ V   (b) $V_P = -5$ V   (c) $V_P = 4$ V

例 3-7 图

解 图(a)是 N-JFET。因为 $U_{GS} < U_P$,所以沟道全夹断,FET 处于截止区。

图(b)是 N-JFET。因为 $U_P < U_{GS} < 0$,$U_{DS} = 6$ V $> U_{GS} - U_P = 1$ V,所以沟道部分夹断,FET 处于放大区。

图(c)是 P - JFET。因为 $U_{GS}=0$，$U_P<U_{GS}<0$，$U_{DS}=-8$ V$<U_{GS}-U_P=-4$ V，所以 FET 偏置在放大区。

例 3 - 8　设例 3 - 8 图中的 MOSFET 的$|U_{TN}|$、$|U_{TP}|$均为 1 V，问它们各工作于什么区？

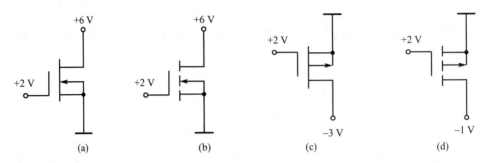

例 3 - 8 图

解　图(a)为 N 沟道耗尽型 MOSFET，$U_{TN}=-1$ V，$U_{GS}=2$ V$(>U_{TN}=-1$ V$)$，且 $U_{DS}=6$ V$(>U_{GS}-U_{TN}=3$ V$)$，所以工作于放大区。

图(b)为 N 沟道增强型 MOSFET，$U_{TN}=1$ V，$U_{GS}=2$ V$(>U_{TN}=1$ V$)$，且 $U_{DS}=6$ V$(>U_{GS}-U_{TN}=1$ V$)$，所以工作于放大区。

图(c)为 P 沟道耗尽型 MOSFET，$U_{TP}=1$ V，$U_{GS}=2$ V$(>U_{TP}=1$ V$)$，所以工作于截止区。

图(d)为 P 沟道增强型 MOSFET，$U_{TP}=-1$ V，$U_{GS}=2$ V$(>U_{TP}=-1$ V$)$，所以工作于截止区。

第 4 章　放大电路基础

4.1　重点内容及学习指导

4.1.1　放大电路的基本概念

　　放大电路的作用是在允许的失真范围内将微弱的电信号放大为所要求的电信号。单管放大电路是组成各种复杂放大电路的基本单元。单级共射放大电路是放大电路的最基本形式。

　　放大电路在组成上必须符合一定的原则,否则将不能正常放大电信号。在放大电路中,放大的对象是变化量,常以正弦波信号作为测试信号;放大的本质是能量的控制,信号源提供小能量,而负载获得大能量;因而放大的特征是负载通过放大电路从直流电源获得比信号源提供的大得多的功率。放大电路的核心元件是有源元件,三极管和场效应管均为有源元件。放大的前提是不失真,因而必须设置合适的静态工作点,使放大管在输入信号的整个周期内始终工作在线性区,电路才能正常放大。

4.1.2　放大电路的分析方法

　　放大电路在工作时,电路中的电压、电流信号是交直流并存的。为了方便研究问题,常将直流电源 V_{CC}(或 V_{DD})对放大电路的作用和输入信号 u_i 对放大电路的作用区分开来,分为直流通路和交流通路。

1. 静态分析

　　分析放大电路应遵循"先静态,后动态"的原则。直流通路用于静态分析,可以通过列回路方程的方法估算静态工作点,即 I_{BQ}、I_{CQ} 和 U_{CEQ} 的值。静态工作点(Q 点)的设置要合理。在信号幅度较大时,Q 点偏高,会引起饱和失真(对 NPN 管,u_o 的负半周削波);Q 点偏低,会引起截止失真(对 NPN 管,u_o 的正半周削波)。静态工作点的分析基础是直流通路。其分析方法常用的有解析法(也称近似估算法)和图解法,其中图解法是分析含非线性器件电路的一种方法。

2. 动态分析

　　动态分析的指导思想是:当交流信号幅值较小时,放大电路的工作点只在静态工作点附近作微小变化。在此条件下三极管的特性可在微小范围内作线性化处理,用小信号线性化模型代替三极管。这样在交流小信号情况下,使放大电路线性化,从而可以用处理线性交流电路的方法分析放大电路。

　　这个线性化的电路通常称为三极管的 H 参数微变等效电路。求解动态参数时,应首先将放大电路交流通路中的管子用其微变等效电路去取代,从而得到放大电路的微变等效电路,然后根据 $\dot{A}_u$、R_i、R_o 的定义分别推导出它们的表达式,最后代入数据求出各物理量的具体数值。

4.1.3　放大电路的其他有关问题

1. 放大电路静态工作点的稳定

由于工作点 Q 不但决定电路是否会产生失真,而且还影响着动态参数的数值,因此稳定静态工作点具有重要的意义。分压式工作点稳定电路是一种典型的工作点稳定电路,其稳定实质是利用了电流负反馈作用。

2. 放大电路的三种组态及其比较

共射放大电路:为反相放大。既有电压增益,又有电流增益,因而它的功率增益最大。输入电阻适中,输出电阻较大,易于与前后级接口,因此常用作多级放大电路的中间级。通频带较窄。

共基放大电路:为同相放大。有电压增益,而无电流增益,输入电阻最小,输出电阻较大,通频带较宽,因此常用作高频宽带放大电路。

共集放大电路:为同相放大电路。有电流增益,而无电压增益,电压增益小于且近似等于1,具有电压跟随的特点,其输入电阻最大,输出电阻最小。常用于多级放大电路的输入级和输出级,或作为隔离(缓冲)用的中间级。

3. 多级放大电路

多级放大电路有三种基本耦合方式:直接耦合、阻容耦合和变压器耦合。根据实际应用中对放大电路性能指标的多方面要求,选择若干个基本放大电路,并采用合适的耦合方式将它们连接起来,便构成多级放大电路。多级放大电路的电压放大倍数等于组成它的各个单级放大电路电压放大倍数的乘积,输入电阻等于第一级电路的输入电阻,输出电阻等于末级电路的输出电阻。

多级放大电路的三种耦合方式各有特点,其中直接耦合便于集成,因此它是集成放大电路常采用的一种耦合方式。但直接耦合也存在明显的缺陷,即存在零点漂移。零漂现象的存在会对电路产生危害,使输出发生失真,必须要加以抑制。

4.2　典型例题分析

例 4-1　某放大电路如例 4-1 图所示,已知当负载 R_L 开路时,输出电压 $u_o=5$ V,当 $R_L=2$ kΩ 时,输出电压 $u_o=4$ V。求该放大电路的输出电阻 R_o。

解　本题已知负载开路及接入某一阻值的负载两种情况下输出电压的值,于是可求得输出电阻为

$$R_o=\left(\frac{U_o'}{U_o}-1\right)R_L=\left(\frac{5}{4}-1\right)\times2=0.5 \text{ kΩ}$$

例 4-2　放大电路如例 4-2 图(a)所示。已知 $V_{CC}=15$ V,$R_{b1}=10$ kΩ,$R_{b2}=40$ kΩ,$R_c=R_L=3$ kΩ,$R_e=1.2$ kΩ,$\beta=100$,$|U_{BE}|=0.7$ V。(1) 计算静态工作点 I_{CQ} 和 U_{CEQ};(2) 画出交流通路;(3) 计算电压放大倍数 $\dot{A}_u$、输入电阻 R_i、输出电阻 R_o;(4) 当 R_{b2} 断开时 I_{CQ} 的值。

解　注意放大电路中的晶体管是 PNP 型管。

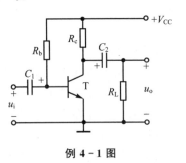

例 4-1 图

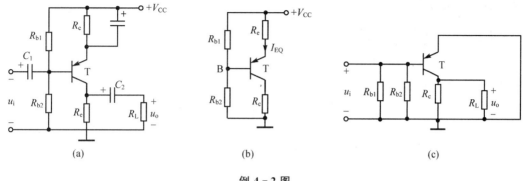

例 4 - 2 图

（1）图(a)放大器的直流通路如图(b)所示。

$$U_{BQ} = \frac{R_{b2}}{R_{b1} + R_{b2}} V_{CC} = \frac{40 \times 15}{10 + 40} = 12 \text{ V}$$

$$I_{EQ} = \frac{U_{EQ}}{R_e} = \frac{V_{CC} - U_{BQ} - U_{EBQ}}{R_e} = \frac{15 - 12 - 0.7}{1.2} = 1.91 \text{ mA} \approx I_{CQ}$$

$$U_{CEQ} = -V_{CC} + I_{CQ}R_c + I_{EQ}R_e = -V_{CC} + I_{CQ}(R_c + R_e)$$
$$= -15 + 1.91 \times (3 + 1.2) = -7 \text{ V}$$

（2）交流通路如图(c)所示。

（3）
$$r_{be} = 300 + (1 + \beta)\frac{26}{I_{EQ}} = 300 + 101 \times \frac{26}{1.91} = 1.66 \text{ k}\Omega$$

$$\dot{A}_u = -\beta \frac{R'_L}{r_{be}} = -\frac{\beta(R_c /\!/ R_L)}{r_{be}} = \frac{-100 \times 1.5}{1.1} = -90$$

$$R_i = r_{be} /\!/ R_{b1} /\!/ R_{b2} = 1.37 \text{ k}\Omega$$

$$R_o = R_c = 3 \text{ k}\Omega$$

（4）当 R_{b2} 断开时，发射结无偏置，三极管截止，$I_{CQ} = 0$。

例 4 - 3　两个放大器 A 与 B，它们空载（$R_{L1} = R_{L2} = \infty$）时，输出电压相同，其值为 $u'_{o1} = u'_{o2} = 4$ V。当都接上相同的负载电阻 $R_{L1} = R_{L2} = 3$ kΩ 时，$u_{o1} = 3.9$ V，$u_{o2} = 3$ V。试分析说明 A 和 B 两个放大器哪个带负载能力强，哪个放大器输出电阻小。

分析　A 放大器带负载能力强。因为 A 放大器的负载电阻由无穷大变到 3 kΩ 时，输出电压由 4 V 变到 3.9 V，输出电压仅变化了 0.1 V；而 B 放大器在相同的负载变化情况下，输出电压变化了 1V。负载变化输出电压变化量小称为带负载能力强。所以 A 放大器带负载能力强。

利用公式 $R_o = \left(\dfrac{U'_o}{U_o} - 1\right)R_L$，可以计算出 A 放大器的输出电阻 $R_{o1} \approx 77$ Ω，B 放大器的输出电阻 $R_{o2} \approx 1$ kΩ，R_{o1} 小。由此可知，放大器输出电阻越小，带负载能力越强。

例 4 - 4　试用微变等效电路法估算例 4 - 4 图(a)所示放大电路的电压放大倍数和输入、输出电阻。已知三极管的 $\beta = 50$，$r'_{bb} = 100$ Ω。假设电容 C_1、C_2 和 C_e 足够大。

解　画出放大电路的直流通路和交流通路，分别如图(b)和(c)所示。

根据直流通路的基极回路可列出以下方程

$$I_{BQ}R_b + U_{BEQ} + I_{EQ}(R_{e1} + R_{e2}) = V_{CC}$$

则基极静态电流为

$$I_{BQ}=\frac{V_{CC}-U_{BEQ}}{R_b+(1+\beta)(R_{e1}+R_{e2})}=\frac{12-0.7}{200+51\times(0.5+1.1)}=0.04\text{ mA}=40\ \mu A$$

$$I_{CQ}=\beta I_{BQ}=50\times0.04=2\text{ mA}\approx I_{EQ}$$

根据 I_{EQ} 可估算三极管的 r_{be}

$$r_{be}=r'_{bb}+(1+\beta)\frac{26}{I_{EQ}}=100+\frac{51\times26}{2}=763\ \Omega$$

由图(c)的交流通路,可知放大电路的电压放大倍数为

$$\dot{A}_u=-\beta\frac{R'_L}{r_{be}+(1+\beta)R_{e1}}=-\frac{50\times1}{0.76+51\times0.5}=-1.9$$

输入电阻为

$$R_i=[r_{be}+(1+\beta)R_{e1}]\ //\ R_b=200\ //\ (0.76+51\times0.5)=23.2\text{ k}\Omega$$

若不考虑三极管的 r_{ce},则输出电阻为

$$R_o=R_c=2\text{ k}\Omega$$

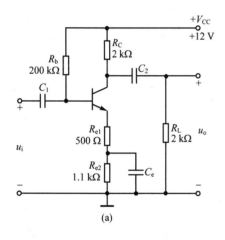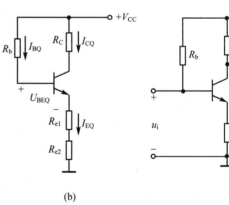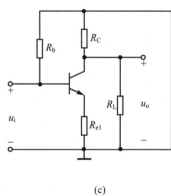

例 4-4 图

第 5 章　集成运算放大电路及其应用

5.1　重点内容及学习指导

5.1.1　电流源电路

电流源电路是模拟集成电路的基本单元电路,其特点是直流电阻小,交流电阻很大,并具有温度补偿作用。它的用途之一是为各种基本放大电路提供稳定的偏置电流;第二个用途是用做放大电路的有源负载。

1. 基本电流源

分压式射极偏置电路为基本电流源电路。当三极管工作在放大区,由于射极电流仅由两分压电阻决定,因此当负载(集电极电阻)发生变化时,输出电流(集电极电流)保持不变,体现了恒流特性。电流源包括:镜像电流源、比例电流源、微电流源、多路电流源等。

2. 有源负载

由于电流源具有直流电阻小而交流电阻大的特点,因此在模拟集成电路中,常把它作为负载使用(称为有源负载)。

5.1.2　集成运放的种类

集成运放除了可以按照教材中提到的按照制造工艺、功能和集成度分类外,还可以根据内部电路的工作原理、电路的可控性和电参数的特点进行分类,下面简单加以介绍。

1. 按工作原理分类

按照工作原理可将集成运放分为电压放大型、电流放大型、跨导型、互阻型等。

(1) 电压放大型

实现电压放大,输出回路等效成由电压 u_i 控制的电压源 $u_o = A_{od}u_i$。F007、F324、C14573 均属这类产品。

(2) 电流放大型

实现电流放大,输出回路等效成由电流 i_i 控制的电流源 $i_o = A_i i_i$。LM3900、F1900 属于这类产品。

(3) 跨导型

将输入电压转换成输出电流,输出回路等效成由电压 u_i 控制的电流源 $i_o = A_{iu}u_i$。A_{iu} 的量纲为电导,它是输出电流与输入电压之比,故称跨导,常记作 g_m。LM3080、F3080 属这类产品。

(4) 互阻型

将输入电流转换成输出电压,输出回路等效成由电流 i_i 控制的电压源 $u_o = A_{ui}i_i$。A_{ui} 的量纲为电阻。故称这种电路为互阻放大电路。AD8009、AD8011 属于这类产品。

输出等效为电压源的运放,输出电阻很小,通常为几十欧;而输出等效为电流源的运放,输出电阻较大,通常为几千欧以上。

2. 按可控性分类

（1）可变增益运放

可以利用外接的控制电压 u_C 或数字编码信号来调整和控制开环差模电压增益 A_{od}。如 VCA610、AD526 都属于可变增益运放。

（2）选通控制运放

此类运放的输入为多通道,输出为一个通道,即对"地"输出电压信号。利用输入逻辑信号的选通作用来确定电路对哪个通道的输入信号进行放大。OPA676 为两通道选通控制运放。

3. 按性能指标分类

按性能指标可分为通用型和特殊型两类。通用型运放用于无特殊要求的电路之中,其性能指标的数值范围如表 5－1 所列(少数运放可能超出表中数值范围);特殊型运放为了适应各种特殊要求,某一方面性能特别突出。

表 5－1　通用型运放的性能指标

参　数	单　位	数值范围	参　数	单　位	数值范围
A_{od}	dB	65～100	K_{CMR}	dB	70～90
r_{id}	MΩ	0.5～2	单位增益带宽	MHz	0.5～2
U_{IO}	mV	2～5			
I_{IO}	μA	0.2～2	SR	V·(μs)$^{-1}$	0.5～0.7
I_{IB}	μA	0.3～7	功耗	mW	80～120

5.1.3　功率放大电路

功率放大器用在多级放大电路中做输出级,向负载提供所需的功率。与电压放大器相比,功率放大器属于大信号放大,因此非线性失真较大,常用谐波失真(THD)来衡量非线性失真程度。

1. 功放电路的特点

功放电路在输入信号幅度、功放管的工作状态、分析方法、电路指标、功率管的安全使用及散热等方面均与电压放大电路不同。具体内容在教材中都有介绍,此处不再赘述。

2. 功放电路的输出功率、管耗和效率

不同功放电路性能比较如表 5－2 所列。

表 5－2　不同功率放大器的性能比较

工作状态	I_{CQ}	最大管散发生时刻	单管最大管耗	最大效率	P_{om}
甲类	大	静态	$\frac{1}{2}P_{CC}$	≤25%	$\frac{1}{4}P_{CC}$
甲乙类	很小	基本同乙类	略高于乙类	略低于乙类	略低于乙类
乙类	零	41%P_{om} 时	$0.2P_{om}$	≤78.5%	$\frac{\pi}{4}P_{CC}$

5.1.4　放大电路中的反馈

1. 负反馈放大电路的四种组态

电压串联负反馈:反馈信号取自输出电压,以电压形式与输入电压相减。

电压并联负反馈:反馈信号取自输出电压,以电流形式与输入电流相减。

电流串联负反馈:反馈信号取自输出电流,以电压形式与输入电压相减。

电流并联负反馈:反馈信号取自输出电流,以电流形式与输入电流相减。

2. 负反馈放大电路增益的一般表达式

$$A_f = \frac{X_o}{X_i} = \frac{A}{1+AF}$$

反馈深度:$1+AF$

深度负反馈:$|1+AF| \gg 1, A_f \approx \dfrac{1}{F}$

3. 负反馈放大电路的设计

反馈类型的选择原则:

① 信号源为电压源,选择串联负反馈;信号源为电流源,选择并联负反馈。

② 需要稳定输出电压时,选择电压负反馈;需要稳定输出电流时,选择电流负反馈。

5.1.5　集成运放应用电路分析方法

在对运放应用电路分析时,一般将实际运放视为理想运放来处理,只有在需要研究应用电路的误差时,才考虑实际运放特性带来的影响。

1. 三种输入方式

反相输入:输入信号从反相输入端引入。若要加进负反馈,则需要将反馈信号接回反相输入端。

同相输入:输入信号从同相输入端引入。若要加进负反馈,则需要将反馈信号送回反相输入端。

差动输入(双端输入):两个信号分别从反相端和同相端同时输入,用来放大差动信号,抑制共模信号,或作减法运算。

2. 两条重要结论

对于工作在线性区的理想运放,下述两条重要结论普遍适用(也是分析运放应用电路的基本出发点)。

① 集成运放两个输入端之间的电压为零,$u_{id} = u_+ - u_- \approx 0$ 或 $u_+ \approx u_-$(虚短)。

② 集成运放两个输入端不取电流,即 $i_i \approx 0$(虚断)。

在反相输入时,$u_+ \approx u_- = 0$,这种现象称为"虚地"。虚地是反相运算放大器的共同特点。

5.2　典型例题分析

例 5 - 1　例 5 - 1 图所示是由两个 NPN 型三极管组成的复合管。假设图中两个三极管的参数为 $\beta_1 = 100, \beta_2 = 150, r_{be1} = 700\ \text{k}\Omega, r_{be2} = 10\ \text{k}\Omega$,试估算复合管总的 β 和 r_{be}。

解　由于组成复合管的两个三极管类型相同,所以

$$\beta \approx \beta_1\beta_2 = 100 \times 50 = 15\ 000$$

$$r_{be} = r_{be1} + (1+\beta_1)r_{be2} = 700 + 101 \times 10 \approx 1.7\ \text{M}\Omega$$

例 5 - 2　电路如例 5 - 2 图所示。

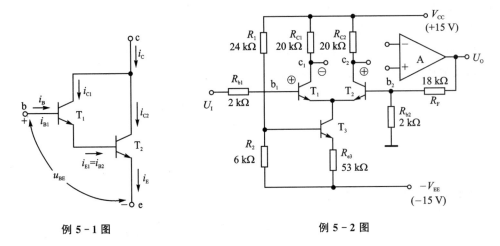

例 5 - 1 图　　　　　　　　　例 5 - 2 图

① 要使 U_o 到 b_2 的反馈为电压串联负反馈,集成运放的两个输入端与 c_1、c_2 端应如何连接? 若 A 为理想运放,此时闭环电压放大倍数为多少?

② 若要引入电压并联负反馈,集成运放的两个输入端与 c_1、c_2 端又应如何连接? R_F 应接到何处? 若 R_F,R_b 数值不变,此时 $A_{uf} =$?

解　本题练习根据要求引入适当反馈的方法。

① 要引入电压串联负反馈,必须使 U_o 的瞬时极性为正。为此,c_2 接运放同相输入端,c_1 接反相输入端(连线图略)。

$$A_{uf} = \frac{U_o}{U_i} \approx \frac{U_o}{U_f} = \frac{U_o}{U_o \cdot \dfrac{R_{b2}}{R_{b2}+R_F}} = 1 + \frac{R_F}{R_{b2}} = 1 + \frac{18}{2} = 10$$

② 要引入电压并联负反馈,R_F 应从输出端接至 b_1 端,U_o 的瞬时极性为负。为此,c_1 接运放同相输入端,c_2 接反相输入端(连线图略)。

例 5 - 3　以集成运放作为放大电路,引入合适的负反馈,分别达到下列目的,要求画出电路图。

① 实现电流—电压转换电路;

② 实现电压—电流转换电路;

③ 实现输入电阻高、输出电压稳定的电压放大电路;

④ 实现输入电阻低、输出电流稳定的电流放大电路。

解　实现以上 4 个要求的电路分别如例 5 - 3 图所示。

例 5 - 4　电路如例 5 - 4(a)图所示。已知正弦输入信号为 $u_i = U_m \sin \omega t$,$U_m = 15$ V,稳压管的反向工作电压 $U_Z = 4$ V,正向压降 $U_D = 0.7$ V,试画出输出电压 U_o 的波形。

解　本例电路是一个电压比较器,运放工作于非线性区,处于开关状态。稳压管起限幅作用,将输出电压限制在一定的范围内。

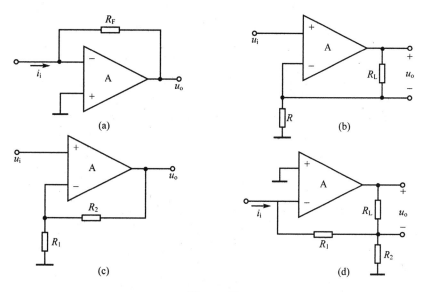

例 5－3 图

当 $u_i > 0$ 时,$U_o = -(U_Z + U_D) = -4.7$ V

当 $u_i < 0$ 时,$U_o = U_Z + U_D = 4.7$ V

可见,当输入的正弦信号大于零时,输出为 -4.7 V;小于零时,输出为 4.7 V。输出波形如例 5－4 图(b)所示。

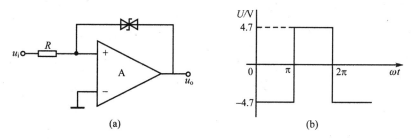

例 5－4 图

例 5－5　有效值检测电路如例 5－5 图所示,若 R_2 为 ∞,试证明:$u_o = \sqrt{\dfrac{1}{T} \displaystyle\int_0^T u_i^2 \mathrm{d}t}$。式中

$T = \dfrac{CR_1R_3K_2}{R_4K_1}$。

解　由图可知,当 R_2 为 ∞ 时,R_2 支路相当于断开,A_1 运放和 R_1C 组成积分电路,A_1 运放的输出电压为

$$u_{o2} = \frac{1}{R_1C}\int u_{o1}\,\mathrm{d}t = -\frac{1}{R_1C}\int K_1 u_i^2\,\mathrm{d}t = -\frac{K_1}{R_1C}\int u_i^2\,\mathrm{d}t$$

A_2 运放工作在线性放大状态,其反相输入端虚地,且流入反相输入端的电流近似为零,故有流过电阻 R_2 的电流等于流过电阻 R_4 的电流,即有

$$\frac{K_2 u_o^2}{R_4} = -\frac{u_{o2}}{R_3}$$

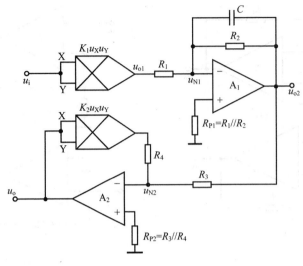

例 5 - 5 图

也即
$$u_o^2 = \frac{R_4}{K_2 R_3} u_{o2} = -\frac{R_4}{K_2 R_3}\left(-\frac{K_1}{R_1 C}\int u_i^2 \,\mathrm{d}t\right) = \frac{K_1 R_4}{K_2 R_1 R_3 C}\int u_i^2 \,\mathrm{d}t$$

所以
$$u_o = \sqrt{\frac{K_1 R_4}{K_2 R_1 R_3 C}\int u_i^2 \,\mathrm{d}t}$$

令 $T = \dfrac{CR_1 R_3 K_2}{R_4 K_1}$,并在$[0,T]$对 u_i^2 积分,可得

$$u_o = \sqrt{\frac{1}{T}\int_0^T u_i^2 \,\mathrm{d}t}$$

第 6 章　逻辑代数基础

6.1　重点内容及学习指导

6.1.1　数制与码制

1. 数　制

数制即计数体制,它是按照一定规则表示数值大小的计数方法。日常生活中最常用的计数体制是十进制,数字电路中常用的是二进制。二进制有两个数字符号 **0** 和 **1**,运算规则是逢二进一;另外,数字电路中也使用十六进制,十六进制有 16 个数字符号,且逢十六进一,4 位二进制数可表示 1 位十六进制数。

2. 码　制

在数字电路中,常常用一定位数的二进制数码表示不同的事物或信息,这些数码称为代码。编制代码时要遵循一定的规则,这些规则叫做码制。数字电路中常用的码制有二—十进制码和格雷码。二—十进制码又称 BCD(Binary Coded Decimal)码,它是用 4 位二进制数组成一组代码表示 0~9 十个十进制数。由于编制代码时遵循的规则不同,同是二—十进制代码可有多种不同的码制。

6.1.2　逻辑函数的化简

1. 逻辑函数的最简形式及变换

逻辑函数的最简表达式有多种,常用的有五种:**与—或式、与非—与非式、或—与式、或非—或非式、与—或—非式**。其中,最常用的逻辑表达式为**与—或式**和**或—与式**。

实用中,经常需要通过变换,将逻辑函数式转化成与所用器件逻辑功能相适应的形式。具体变换方法如下:

与—或式→与非—与非式:对逻辑函数 F 采用两次求反,再用反演律。

与—或式→或—与式:先求 $\overline{F}$ 的与—或式,再求 F 的或—与式。

与—或式→与—或—非式:先求 $\overline{F}$ 的与—或式,再取非得到与—或—非式。

或—与式→或非—或非式:对 F 采用两次求反,再用反演律。

2. 非完全描述逻辑函数及其化简

(1) 约束项、任意项、无关项、非完全描述逻辑函数

约束项:不可能出现的取值组合所对应的最小项。

任意项:出现以后函数的值可以任意规定的取值组合所对应的最小项。

无关项:约束项和任意项的通称。

非完全描述逻辑函数:具有无关项的逻辑函数称为非完全描述逻辑函数。

（2）非完全描述逻辑函数的化简

无关项小方格既可作为"**0**"处理，也可作为"**1**"处理，以使化简结果最简为准。注意两点：

① 卡诺图中不可全是无关项；

② 不可把无关项作为实质最小项。

6.2　典型例题分析

例 6 - 1　将 $(0.706)_{10}$ 转换成二进制，要求其误差不大于 0.1%。

解　要使精度达到 0.1%，必须使 LSB（最低有效位）的值小于等于 0.1%。由于 $2^{-10} = \dfrac{1}{1\,024} < \dfrac{1}{1\,000} = 0.1\%$，所以小数点后取 10 位即可满足精度要求。

$$
\begin{array}{lll}
0.706 \times 2 = 1.412 & \mathbf{1} & a_{-1} \\
0.412 \times 2 = 0.824 & \mathbf{0} & a_{-2} \\
0.824 \times 2 = 1.648 & \mathbf{1} & a_{-3} \\
0.648 \times 2 = 1.296 & \mathbf{1} & a_{-4} \\
0.296 \times 2 = 0.592 & \mathbf{0} & a_{-5} \\
0.592 \times 2 = 1.184 & \mathbf{1} & a_{-6} \\
0.184 \times 2 = 0.368 & \mathbf{0} & a_{-7} \\
0.368 \times 2 = 0.736 & \mathbf{0} & a_{-8} \\
0.736 \times 2 = 1.472 & \mathbf{1} & a_{-9} \\
\end{array}
$$

由于最后的小数小于 0.5，根据"四舍五入"的原则，$a_{-10} = \mathbf{0}$，所以有

$$(0.706)_{10} = (\mathbf{0.101101001})_2$$

例 6 - 2　将 $(236.85)_{10}$ 分别表示为 8421BCD、余 3BCD 码。

解　　　　　$(236.85)_{10} = (\mathbf{0010\ 0011\ 0110.1000\ 0101})_{8421\text{BCD}}$

　　　　　　　　　　$= (\mathbf{0101\ 0110\ 1001.1011\ 1000})_{\text{余3BCD}}$

例 6 - 3　列出下列各有权 BCD 码的码表。

（1）6421 码；　　　　（2）6311 码；　　　　（3）4321 码；

（4）5421 码；　　　　（2）7421 码；　　　　（3）8421 码 。

解　各代码如表 6 - 1 所列。

表 6 - 1

十进制数码	6421 码	6311 码	4321 码	5421 码	7421 码	8421 码
0	0000	0000	0000	0000	0000	0000
1	0001	0001	0001	0001	0001	0011
2	0010	0011	0010	0010	0010	0010
3	0011	0100	0011	0011	0011	0101
4	0100	0101	0101	0100	0100	0100
5	0101	0111	1001	1000	0101	0101
6	1000	1000	1010	1001	0110	0110
7	1001	1001	1011	1010	1000	1001
8	1010	1011	1101	1011	1001	1000
9	1011	1100	1110	1100	1010	1011

第 7 章　逻辑门电路

7.1　重点内容及学习指导

7.1.1　半导体器件的开关特性

在数字电路中,半导体二极管、三极管和 MOS 管一般工作在开关状态。

① 二极管具有单向导电性,当其正偏时,内阻很小,正向电流很大,理想情况下,相当于开关闭合,即短路;当二极管反偏时,内阻很大,理想情况下,相当于开关断开,即开路。

② 对于三极管(以共射接法为例),当 b-e 间的输入电压小于 PN 结的开启电压时,三极管截止,此时,c-e 间表现出较大电阻,理想时,可认为开路,相当于开关断开;当 b-e 间的输入电压大于 PN 结的开启电压时,三极管的发射结正偏,集电结反偏,处于放大状态,当输入电压继续增大,大于一定值时,管子便进入饱和状态,此时,三极管 c-e 间压降约为 0.3 V,近似认为 c-e 间相当于开关闭合。因此,在数字电路中,三极管要么工作在截止区,要么工作在饱和区,放大区只会出现在其他两个区域的转换过程中。

③ MOS 管的开关特性与三极管类似。以 NMOS 管为例,当其栅—源电压小于开启电压时,管子截止,此时漏—源间的电阻 r_d 极高,约为 $10^9\,\Omega$ 以上,因此 D-S 间相当于开关断开;当 $u_{GS} \geq U_{TN}$ 时,MOS 管导通,漏—源间内阻 r_{on} 很小,此时 D-S 间如同开关闭合。

7.1.2　逻辑门电路

集成逻辑门种类繁多,有些类型的集成逻辑门还可以分为多个系列,其中最常用的是 TTL 门和 CMOS 门。TTL 门具有速度较高、中等功能、逻辑摆幅较大及抗干扰能力较强等优点。其产品系列齐全,有中速、高速、超高速和低功耗等系列产品,是研发、生产中广泛使用的一类集成逻辑门。CMOS 门速度较 TTL 门低,但其功耗低,抗干扰能力强,带负载能力强,电源利用系数高。

随着数字集成门电路的广泛应用,熟练掌握其电气特性显得尤为重要。集成门电路的电气特性主要包括以下几个方面:

(1) 电压传输特性

指输出电平随输入电平的变化而变化的特性,即 $u_o - u_i$ 特性。通过电压传输特性,可以获知门电路的输出逻辑高电平 U_{OH} 和低电平 U_{OL}、阈值电压 U_T、关门电平 U_{off}、开门电平 U_{on} 及输入端噪声容限 U_N。

(2) 输入特性

从门电路输入端看进去的输入电压与输入电流的关系,称为输入特性,即 $i_i - u_i$ 特性。通过输入特性,可以了解门电路的输入短路电流 I_{IS}、输入漏电流 I_{IH} 等参数。

（3）输入负载特性

在具体使用门电路时,有时需要在输入端与地之间接入电阻 R。当输入电流流过电阻 R 时,必然会在 R 上产生压降而形成输入端电位 u_i,而且,R 越大 u_i 也越高。在正常工作时,u_i 随 R 的变化关系称为输入负载特性。

（4）输出特性

从门电路输出端看进去的输出电压与输出电流的关系,称为输出特性,即 u_o - i_o 特性。输出特性包括门电路输出高电平时的拉电流负载特性、输出低电平时的灌电流负载特性、扇入系数(门电路输入端数)、和扇出系数(门电路能驱动同类门的最大数目)。

（5）动态特性

上面几个特性都是门电路处于稳定状态下的输入和输出特性。而动态特性是指当门电路状态转换过程中所表现出来的一些性质。衡量动态特性的主要参数有:传输延迟时间、交流噪声容限、动态功耗、动态尖峰电流等。

7.2　典型例题分析

例 7-1　在例 7-1 图(a)所示电路中,用 TTL 驱动发光二极管(LED),已知 LED 正向驱动压降为 2 V,驱动电流为 10 mA,TTL 与非门输出低电平时允许的最大输出灌电流 $I_{OL,max}$ = 16 mA,输出高电平时允许的最大输出拉电流 $I_{OH,max}$ = 400 μA。

（1）若要使 LED 亮,A、B 应如何选择?

（2）试求电阻 R 的取值范围。

解　发光二极管的发光条件为:正向电压是 2 V,正向电流 10 mA,所以要使 LED 发光,一是 LED 两端电压满足要求,二是形成电流回路。

① 若与非门处于关状态,其输出电压为 3.6 V,这时 LED 不能发光,一是 LED 两端压差为 $5-3.6=1.4$ V,二是(最主要)由于 TTL 与非门的输出管 T_4 截止,不能形成电流回路,TTL 输出部分如例 7-1 图(b)所示。

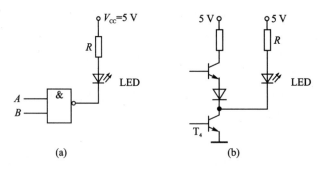

例 7-1 图

与非门处于开状态时,其输出为低电平 0.3 V,只要 R 选择合适,就会形成 5 V→R→LED→T_4 的回路,LED 发光,此时输入信号 A、B 应同为高电平。

② 当 LED 发光时,限流电阻 R 为

$$R = \frac{V_{CC} - 2 - 0.3}{10} = \frac{5 - 2.3}{10} = 0.27 \text{ k}\Omega$$

R 值小于 $0.27\ \mathrm{k\Omega}$ 时亮度可更大,但会使**与非门**的负载增大,应以不超过允许最大灌电流 $I_{\mathrm{Ol,max}}(16\ \mathrm{mA})$ 为限。

$$R_{\min}=\frac{5-2.3}{16}=0.16\ \mathrm{k\Omega}$$

即 $0.16\ \mathrm{k\Omega}\leqslant R\leqslant 0.27\ \mathrm{k\Omega}$。

注意:一般 TTL 门电路输出为低电平时,其允许输出电流较大,为了驱动较大负载,均采取此种方法。CMOS 电路有所不同,所允许的灌电流、拉电流基本相等。

例 7-2 用例 7-2 图的(a)~(e)所示电路分别实现下列逻辑关系:

$$F_1=\overline{AB}\cdot\overline{CD},\quad F_2=\overline{\overline{AB}\cdot\overline{CD}},\quad F_3=\overline{\overline{AB}+\overline{CD}},\quad F_4=AB+CD,\quad F_5=\overline{AB}\cdot\overline{CD}$$

电路均由 TTL 门电路组成,设 $R_{\mathrm{on}}=2\ \mathrm{k\Omega}$,$R_{\mathrm{off}}=0.8\ \mathrm{k\Omega}$,带拉电流负载能力 $I_{\mathrm{OH}}=5\ \mathrm{mA}$,带灌电流负载能力 $I_{\mathrm{OL}}=15\ \mathrm{mA}$,试问这些电路能否正常工作,并说明理由。

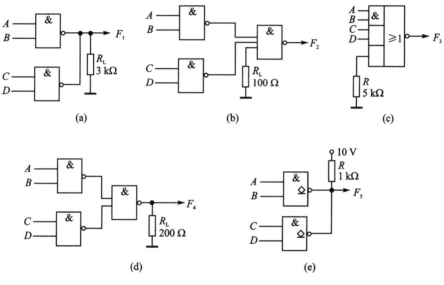

例 7-2 图

解 判定电路能否正常工作,首先要判断电路结构是否可行,如果需要,再从负载能力上进一步考虑。

(a)不能正常工作。普通 TTL 门输出端不能并接。

(b)不能正常工作。由于 $R_{\mathrm{L}}=100\ \Omega<R_{\mathrm{off}}$,$F_2$ 恒为 **1**,封锁了输入信号。

(c)不能正常工作。因为 $R=5\ \mathrm{k\Omega}>R_{\mathrm{on}}$,使 $F_3=\overline{1+AB+CD}$ 恒为 **0**。

(d)不能正常工作。在 F_4 输出低电平时尚可;但在输出高电平时,$I_{R_{\mathrm{L}}}=3.6/200=18\ \mathrm{mA}>I_{\mathrm{OH}}$,超出了允许的最大输出拉电流。

(e)可以正常工作。首先从电路结构上可以线与,并且接有上拉电阻 R,其次考虑带负载能力。当输出高电平(即两 OC 门输出管截止)时,只要外接负载阻抗大于一定值即可;当输出低电平(OC 门输出管导通)时,灌入 OC 门输出管的总电流为 $(10-3.6)/1\approx 10\ \mathrm{mA}<I_{\mathrm{OL}}$。综上所述,可以正常工作。

例 7-3 试分析例 7-3 图(a)、(b)所示电路的逻辑功能,写出 Y 的逻辑表达式。图中的门电路均为 CMOS 门电路。

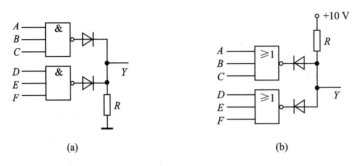

例 7-3 图

解　(a) 两个二极管和电阻 R 构成**或**门

$$Y = \overline{ABC} + \overline{DEF} = \overline{ABCDEF}$$

(b) 两个二极管和电阻 R 构成**与**门

$$Y = \overline{ABC} \cdot \overline{DEF} = \overline{ABC} + \overline{DEF}$$

例 7-4　例 7-3 中电路能否用于 TTL 门电路？为什么？

解　CMOS 门电路中，噪声容限接近 $\frac{1}{2}V_{DD}$，而 TTL 则较小，所以对 CMOS 适用的电路对 TTL 是否适用要具体分析。

图(a)中若门电路为 TTL，当两**与非**门输出低电平(0.3 V)，两二极管截止，若电路输出 Y 接 TTL 输入端，则电阻 R 应小于等于 R_{off}，这时该电路是适用的。若 $R \geqslant R_{on}$，则该电路不适用于 TTL 电路。

图(b)中，若门电路为 TTL，当两**与非**门输出低电平(0.3 V)时，输出端 Y 的电平为 1 V，若 Y 接其他 TTL 电路的输入，则进入电压传输特性的线性区，抗干扰能力很差，所以不适用于 TTL 电路。

例 7-5　试说明下列各种电路中哪些输出端可以并接使用。

① 具有推拉式输出端的 TTL 门电路；

② TTL 电路的 OC 门；

③ TTL 电路的三态输出门；

④ 普通的 CMOS 门；

⑤ 漏极开路的 CMOS 门；

⑥ CMOS 电路的三态输出门；

解　① 不能，有可能烧坏电路的输出部分；

② 可以并接使用；

③ 可以并接使用；

④ 不能并接使用；

⑤ 可以并接使用；

⑥ 可以并接使用。

例 7-6　试证明下列关系成立。

① 若 $X_1 + X_2 = 1$，则有 $X_1 \oplus X_2 = \overline{X_1 X_2}$

② 若 $X_1 X_2 = \mathbf{0}$,则有 $X_1 \oplus X_2 = X_1 + X_2$

证明:① 由 $X_1 + X_2 = \mathbf{1}$,得

$$\overline{X_1 + X_2} = \overline{X_1} \cdot \overline{X_2} = 0$$

左式 $= \overline{X_1} X_2 + X_1 \overline{X_2} = \overline{X_1} X_2 + X_1 \overline{X_2} + \overline{X_1 X_2} = \overline{X_1} + \overline{X_2} = \overline{X_1 X_2} = $ 右式

② 由 $X_1 X_2 = 0$,得

左式 $= X_1 \oplus X_2 = X_1 \overline{X_2} + \overline{X_1} X_2 = X_1 \overline{X_2} + \overline{X_1} X_2 = X_1 \overline{X_2} + \overline{X_1} X_2 + X_1 X_2$

$\qquad = X_1 + X_2 = $ 右式

第 8 章　组合逻辑电路

8.1　重点内容及学习指导

8.1.1　组合逻辑电路基本知识点

1. 组合电路特点

组合逻辑电路一般是由若干个基本逻辑单元组合而成的。其功能特点是:不论任何时候,输出信号仅仅取决于当时的输入信号,而与电路原来所处的状态无关。它的基础是逻辑代数和门电路。

2. 组合电路的分析

所谓组合电路的分析,就是通过分析得到给定电路的逻辑功能。实际应用中,组合电路中往往带有模式控制、使能控制及扩展端等变量,使得电路总的输入变量较多,若按基本分析步骤分析,则写表达式和列真值表都十分困难。通常,使能输入变量可决定电路是处于工作模式还是非工作模式,模式控制变量选择电路实现何种逻辑功能。带有一个模式控制变量的电路可以实现两种功能,带有两个模式控制变量的电路可以实现四种逻辑功能,以此类推。因此,可通过对变量归类,把使能和模式控制变量作为输入,把电路对其他变量作用的结果作为输出,列出压缩真值表,即功能表,这样既简单又明了(参见例 8 - 2)。

3. 组合电路的设计

实际使用中,对于输入变量较多的组合电路,用一般设计方法设计时,过程繁琐,工作量大,甚至可能由于真值表太大而无法手工完成。这种情况下,可利用逻辑问题的某些特性(如重复性、阶段性、多模独立性等),把复杂命题分解成多个简单命题分别设计,再把各部分设计按关联组合起来完成整个命题功能的设计(见例 8 - 7 解法二)。

8.1.2　常用中规模组合逻辑器件(MSI)

1. 编码器

用二进制代码表示某种特定含义信息的过程叫编码,能够实现编码功能的电路称作编码器。

常用的编码器有二进制和十进制编码器,每一种编码器又可分为普通编码器和优先编码器。

普通编码器的输入是一组有约束的变量,同一时刻只允许一个信号输入;而优先编码器对输入信号没有制约条件,本身具有排列优先顺序的功能。

2. 译码器

将具有特定含义的二进制代码翻译成原始信息的过程叫译码。能够实现译码功能的电路叫作译码器。译码是编码的逆过程。

常用的译码器有二进制译码器、十进制译码器和显示译码器。二进制译码器是将二进制代码翻译成对应的输出信号的电路状态；十进制译码器又叫二—十进制译码器，它是将 BCD 代码翻译成十个对应输出信号的电路状态，也称 4 线- 10 线译码器；显示译码器是指能驱动七段显示器的译码电路，也称 4 线-七段显示器。

3. 加法器

加法器是指实现二进制加法运算的电路。实现 1 位二进制数和低位进位信号相加的运算电路称为全加器，将 N 位全加器级联起来构成的 N 位串行进位加法器，适用于对工作速度要求不高的系统中；超前进位加法器适用于工作频率较高的场合。

4. 数值比较器

数值比较器是指判别两个二进制数大小关系的电路。4 位数值比较器的输入为两个 4 位二进制数和级联输入 $I_0(A>B)$、$I_1(A=B)$、$I_2(A<B)$，输出为 $Y_0(A>B)$、$Y_1(A=B)$ 和 $Y_2(A<B)$。

5. 数据选择器

数据选择器的功能是：根据选择输入端的地址码，将多个数据输入端中的一个对应信号接到输出端去。常用的集成电路有 4 选 1 数据选择器、8 选 1 数据选择器等。

利用集成组合电路可以设计成一般组合逻辑。集成译码器和数据选择器是应用最广泛的中规模集成电路。译码器的各个输出分别代表输入变量不同的最小项，只要将要实现的电路的逻辑功能表达式写成最小项之和的形式，经过适当的等式转换便可实现所求功能。用数据选择器实现一般组合电路，只要将要实现电路的逻辑功能表达式写成数据选择器功能表达式的形式，一一对应，确定变量对应关系，便可实现所求功能。

由于中规模集成译码器、数据选择器的功能比较规范，因此，只要将外电路进行适当连接，便可实现所求功能，使用灵活、方便，得到了广泛的应用。

8.1.3 竞争–冒险现象

1. 竞争现象

信号通过连线和集成门都有一定的延迟时间，当有两个或两个以上的信号参差地加到同一门的输入端，即存在时差，这种现象称为竞争。

2. 冒险现象

由于竞争的存在，在门电路的输出端得到的可能是短暂的、不是原设计要求的尖峰信号或毛刺，这些干扰信号的出现称为冒险现象。

（1）冒险现象的判断

① 将逻辑表达式变换成与或表达式或者或与表达式，若某个变量是以原变量和反变量的形式出现在逻辑表达式中，这个表达式的其他变量为某种组合时，结果形成 $F=A+\overline{A}$ 或者 $F=A \cdot \overline{A}$ 的形式，则说明有冒险现象存在。

② 将逻辑表达式填入卡诺图，并画圈进行化简，若两个圈相切时，说明有冒险现象存在。

（2）消除冒险现象的方法

① 引入选通脉冲，控制输出。

② 修改逻辑设计，增加冗余项。

③ 输出端加滤波电容，滤去毛刺。

8.2　典型例题分析

例 8 - 1　分析例 8 - 1 图所示组合逻辑电路的功能。

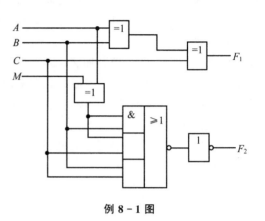

例 8 - 1 图

解　(1) 由逻辑图可写出输出函数表达式

$$F_1 = A \oplus B \oplus C$$

$$F_2 = \overline{\overline{(M \oplus A)B + (M \oplus A)C + BC}}$$

$$= (\overline{M}A + M\overline{A})B + (\overline{M}A + M\overline{A})C + BC$$

当 M＝0 时，$F_2 = AB + AC + BC$；

当 M＝1 时，$F_2 = \overline{A}B + \overline{A}C + BC$。

(2) 根据输出函数表达式列出真值表，如表 8 - 1 所列。

表 8 - 1　例 8 - 1 真值表

M	A	B	C	F_2	F_1	M	A	B	C	F_2	F_1
0	0	0	0	0	0	1	0	0	0	0	0
0	0	0	1	0	1	1	0	0	1	1	1
0	0	1	0	0	1	1	0	1	0	1	1
0	0	1	1	1	0	1	0	1	1	1	0
0	1	0	0	0	1	1	1	0	0	0	1
0	1	0	1	1	0	1	1	0	1	0	0
0	1	1	0	1	0	1	1	1	0	0	0
0	1	1	1	1	1	1	1	1	1	1	1

(3) 分析逻辑功能。观察真值表可知，当 $M＝0$ 时，该电路实现一位全加器功能，A、B 为加数，C 为低位进位输入，F_1 为和，F_2 为进位输出。当 $M＝1$ 时，该电路实现一位全减器功能，A 为被减数，B 为减数，C 为低位借位输入，F_1 为差，F_2 为借位输出。所以，该电路为可控一位全减器/全加器。

例 8 - 2　分析例 8 - 2 图所示组合逻辑电路的逻辑功能。

解　本例输入变量较多，若直接根据逻辑函数表达式列真值表，不仅表格太大，而且也不容易由真值表分析功能。所以，可采用如前所述的对变量进行分类的方法，列出不同变量取值情况下的功能表，进而分析电路的功能。

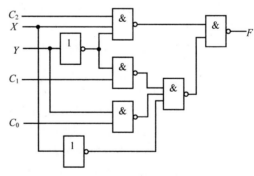

例 8 - 2 图

(1) 由电路图可写出逻辑函数表达式

$$F = \overline{\overline{C_2 X \overline{Y}} \cdot \overline{\overline{Y C_1}} \cdot \overline{\overline{Y} \cdot \overline{C_0 X}}}$$

$$= (\overline{C_2} + \overline{X} + Y) \cdot (\overline{Y}C_1 + YC_0 + X)$$

（2）若视 C_2、C_1、C_0 为模式控制信号，X、Y 为输入变量，列出不同模式下的 $F(X,Y)$ 功能表，进而分析电路功能。当然，也可把 X、Y 作模式控制信号，C_2、C_1、C_0 作输入变量，列出真值表。一般来说，需要对这两种情况进行比较分析，才能对电路功能作出全面了解和描述。根据这一思路，按表达式列出功能表分别如表 8 - 2(a) 和表 8 - 2(b) 所列。

（3）分析逻辑功能。由表 8 - 2(a) 可见，该电路可实现 X、Y 的多种逻辑运算，给定 C_2、C_1、C_0 一组取值，就选定了一种运算。所以，该电路是一个多功能函数发生器。

由表 8 - 2(b) 可见，如果把 X、Y 作控制变量，则给定 X、Y 一组取值，就从 C_2、C_1、C_0 三路信号中选中一路输出，只不过 C_2 信号的输出为反码，所以该电路实现三选一功能。

由以上分析可以看出，在对同一组合逻辑电路进行分析时，分析的角度不同，得到的结论可能不同。

例 8 - 2 表(a)　真值表

C_2	C_1	C_0	$F(X\ Y)$
0	**0**	**0**	X
0	**0**	**1**	$X+Y$
0	**1**	**0**	$X+\overline{Y}$
0	**1**	**1**	1
1	**0**	**0**	XY
1	**0**	**1**	Y
1	**1**	**0**	$XY+\overline{X}\,\overline{Y}$
1	**1**	**1**	$\overline{X}+Y$

例 8 - 2 表(b)　真值表

X	Y	$F(C_2C_1C_0)$
0	**0**	C_1
0	**1**	C_0
1	**0**	$\overline{C_2}$
1	**1**	1

例 8 - 3　试分析例 8 - 3 图(a)、(b)两电路所实现的逻辑函数。

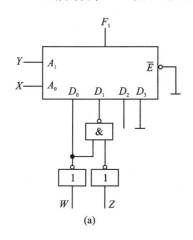

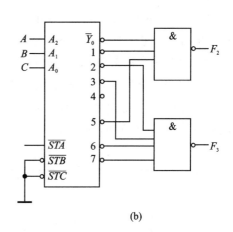

(a)　　　　　　　　　　　　　　　　　　(b)

例 8 - 3 图

解　图(a)是用四选一数据选择器，实现四变量(X,Y,W,Z)组合逻辑函数。由于只有两个地址输入端 A_1A_0，将 Y、X 与此相连时，另外两变量 W、Z 只能出现在数据输入端。只要将 X、Y、W、Z 按图示连接关系代入数据选择器的逻辑函数表达式，就可推导出 F_1 函数。

图(b)是用 3/8 线译码器实现 3 变量逻辑函数，3 个逻辑变量 A、B、C 与 3 根地址输入线 $A_2A_1A_0$ 相连接。$\overline{Y}_0 \sim \overline{Y}_7$ 产生 $\overline{m}_0$($\overline{A \cdot B \cdot C}$) $\sim \overline{m}_7$($\overline{ABC}$)，外加两个**与非门**即可实现用最

小项表达式描述的组合逻辑函数。

图(a)中，$A_1=Y,A_0=X,D_0=\overline{W},D_1=W+Z,D_2=1,D_3=0$，将这些参数代入以下四选一数据选择器的逻辑表达式

$$F_1=\overline{A_1}\,\overline{A_0}D_0+\overline{A_1}A_0D_1+A_1\overline{A_0}D_2+A_1A_0D_3$$

得 $\quad F_1=\overline{Y}\cdot\overline{X}\cdot\overline{W}+\overline{Y}X(W+Z)+Y\overline{X}=\overline{X}\cdot\overline{W}+\overline{Y}XW+\overline{Y}XZ+Y\overline{X}$

图(b)中

$$F_2=\overline{\overline{Y_0}\,\overline{Y_1}\,\overline{Y_5}}=Y_0+Y_1+Y_5=\overline{A_2}\,\overline{A_1}\,\overline{A_0}+\overline{A_2}\,\overline{A_1}A_0+A_2\overline{A_1}A_0$$

$$F_3=\overline{\overline{Y_2}\,\overline{Y_3}\,\overline{Y_6}\,\overline{Y_7}}=Y_2+Y_3+Y_6+Y_7=\overline{A_2}A_1\overline{A_0}+\overline{A_2}A_1A_0+A_2A_1\overline{A_0}+A_2A_1A_0$$

将 $A_2=A,A_1=B,A_0=C$ 代入以上两式得

$$F_2=\overline{A}\cdot\overline{B}\cdot\overline{C}+\overline{A}\cdot\overline{B}\cdot C+A\overline{B}C=\overline{A}\cdot\overline{B}+A\overline{B}C=\overline{A}\cdot\overline{B}+\overline{B}C$$

$$F_3=\overline{A}B\overline{C}+\overline{A}BC+AB\overline{C}+ABC=\overline{A}B+AB=B$$

例 8-4 试分析例 8-4 图(a)电路组成的数据分配器的工作原理。

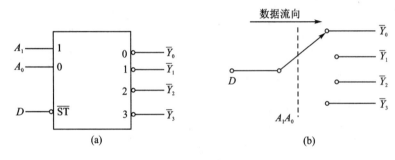

例 8-4 图

解 图 8-4(a)电路是利用译码器作为单输入/四输出的数据分配器。这是一道考研题目，可以看出，研究生考试对组合电路部分没有特殊的要求，只是增加了一些难度。

图 8-4(a)中，单个数据输入与选通信号($\overline{ST}$)相连，$\overline{Y_0}\sim\overline{Y_3}$ 作为四路输出端。当 $D=1$ 时，所有输出 $\overline{Y_0}\sim\overline{Y_3}$ 全为 1，不论从哪一路输出，输出全为 1，即 $\overline{Y_X}=D$；当 $D=0$ 时，电路实现译码功能，此时哪一路输出 0(即 D)，由 A_1A_0 值决定。例如，若 $A_1A_0=10$，则此时 $\overline{Y_2}=0$。数据分配关系如表 8-4 所列，其工作示意图如图 8-4(b)所示。

例 8-4 表 真值表

A_1	A_0	D	$\overline{Y_0}$	$\overline{Y_1}$	$\overline{Y_2}$	$\overline{Y_3}$	D 由哪路输出
0	0	0	0	1	1	1	$\overline{Y_0}$
0	0	1	1	1	1	1	
0	1	0	1	0	1	1	$\overline{Y_1}$
0	1	1	1	1	1	1	
1	0	0	1	1	0	1	$\overline{Y_2}$
1	0	1	1	1	1	1	
1	1	0	1	1	1	0	$\overline{Y_3}$
1	1	1	1	1	1	1	

输出 $\overline{Y}_0 \sim \overline{Y}_3$ 的逻辑表达式为

$$\overline{Y}_0 = \overline{A}_1 \overline{A}_0 D \qquad \overline{Y}_1 = \overline{A}_1 A_0 D$$

$$\overline{Y}_2 = A_1 \overline{A}_0 D \qquad \overline{Y}_3 = A_1 A_0 D$$

例 8 - 5 今有四台设备,每台设备用电均为 10 kW。若这四台设备由 F_1,F_2 两台发电机供电,其中 F_1 的功率为 10 kW,F_2 的功率为 20 kW。而工作情况是:四台设备不能同时工作,且至少有一台工作。试设计一个供电控制电路,以达到节电之目的。

解 本题主要联系组合逻辑电路设计的方法和一般步骤。

设四台设备为 A、B、C、D。若工作,设为 1;若不工作,设为 0。同时设发电机控制信号由 F_1,F_2 产生,比如 $F_1 = 1$,表示 F_1 发电机供电。

根据题意和分析结果,列出 A、B、C、D 四台设备的所有输入组合(0000～1111)下的 F_1、F_2 输出,填入真值表,如表 8 - 5 所列。

用卡诺图化简,得到

$$F_1 = \overline{ACD} + \overline{ABC} + \overline{BCD} + \overline{ABD} + ABC + ABD + BCD + ACD$$

$$= \overline{\overline{A} \cdot C \cdot \overline{D} \cdot \overline{A} \cdot \overline{B} \cdot \overline{C} \cdot \overline{B} \cdot \overline{C} \cdot \overline{D} \cdot \overline{A} \cdot \overline{B} \cdot \overline{D} \cdot ABC \cdot ABD \cdot BCD \cdot ACD}$$

$$F_2 = AD + AC + AB + BC + BD + CD = \overline{\overline{AD} \cdot \overline{AC} \cdot \overline{AB} \cdot \overline{BC} \cdot \overline{BD} \cdot \overline{CD}}$$

此电路若用异或门实现,则大为简化。在例 8 - 5 图(a)中,将两约束项取值为 0(这是允许的),则卡诺图的 1 和 0 交叉均布,这是典型的**异或**逻辑,得

$$F_1 = A \oplus B \oplus C \oplus D$$

4 个变量的**异或**,其含义是 4 个变量有奇数个 1 时,输出 1,否则输出 0,读者可验证。

例 8 - 5 表　真值表

A	B	C	D	F_1	F_2
0	0	0	0	$\times$	$\times$
0	0	0	1	1	0
0	0	1	0	1	0
0	0	1	1	0	1
0	1	0	0	1	0
0	1	0	1	0	1
0	1	1	0	0	1
0	1	1	1	1	1
1	0	0	0	1	0
1	0	0	1	0	1
1	0	1	0	0	1
1	0	1	1	1	1
1	1	0	0	0	1
1	1	0	1	1	1
1	1	1	0	1	1
1	1	1	1	$\times$	$\times$

例 8 - 5 图

在例 8 - 5 图(b)中,将两个约束亦取值 0,再圈 1 合

并,得

$$F_2 = AB\overline{C} + \overline{A}BC + A\overline{C}D + \overline{A}CD + B\overline{C}D + BC\overline{D}$$
$$= A(B \oplus C) + D(A \oplus C) + B(C \oplus D)$$
$$= \overline{\overline{A(B \oplus C)} \cdot \overline{D(A \oplus C)} \cdot \overline{B(C \oplus D)}}$$

根据 F_1、F_2 的逻辑表达式即可画出逻辑图。(略)

例 8 - 6　设 A、B、C、D 是四位二进制数,试设计判断电路,判断:

① 它们中没有 **1**;② 它们中有两个 **1**;③ 它们中有奇数个 **1**。

解　本例所设计电路共有 4 个输入端 A、B、C、D,3 个输出端 F_1、F_2、F_3。当 4 个输入中没有 **1** 时,$F_1 = 1$;当输入中有两个 **1** 时,$F_2 = 1$;当有奇数个 **1** 时,$F_3 = 1$。应注意,该判断电路并没有包含 4 个输入变量 A、B、C、D 可能组合的全部情况,即当 4 个码元都为 **1** 时,$F_1 = F_2 = F_3 = 0$。下面用两种方法进行设计。

【解法一】

① 根据题意列真值表如例 8 - 6 表(a)所列。

② 由真值表写出逻辑函数式,并用代数化简法进行化简。

$$F_1 = \overline{ABCD} = \overline{A + B + C + D}$$

$$F_2 = \overline{A}\,\overline{B}CD + \overline{A}B\overline{C}D + \overline{A}BC\overline{D} + A\overline{B}\,\overline{C}D + A\overline{B}C\overline{D} + AB\overline{C}\,\overline{D}$$

$$= \overline{A}D(B \oplus C) + B\overline{D}(A \oplus C) + A\overline{B}(C \oplus D)$$

$$F_3 = \overline{A}\,\overline{B}\,\overline{C}D + \overline{A}\,\overline{B}C\overline{D} + \overline{A}B\overline{C}\,\overline{D} + A\overline{B}\,\overline{C}\,\overline{D} + \overline{A}BCD + A\overline{B}CD + AB\overline{C}D + ABC\overline{D}$$

$$= A \oplus B \oplus C \oplus D$$

③ 画出逻辑电路图如例 8 - 6 图(a)所示。

例 8 - 6 表(a)　真值表

A	B	C	D	F_1	F_2	F_3	A	B	C	D	F_1	F_2	F_3
0	0	0	0	1	0	0	1	0	0	0	0	0	1
0	0	0	1	0	0	1	1	0	0	1	0	1	0
0	0	1	0	0	0	1	1	0	1	0	0	1	0
0	0	1	1	0	1	0	1	0	1	1	0	0	1
0	1	0	0	0	0	1	1	1	0	0	0	1	0
0	1	0	1	0	1	0	1	1	0	1	0	0	1
0	1	1	0	0	1	0	1	1	1	0	0	0	1
0	1	1	1	0	0	1	1	1	1	1	0	0	0

【解法二】

分析题意,根据逻辑关系很容易写出 F_1 和 F_3 的逻辑表达式,由于 $F_1 + F_2 + F_3 + ABCD = 1$(事件全体),所以有

$$F_2 = \overline{F_1 + F_3 + ABCD}$$

只要用电路实现 F_1 和 F_3,则 F_2 可以通过上式得到,逻辑电路图如例 8 - 6 图(b)所示。

以上两种设计方法都可以设计出实现题意要求的判断电路,但是从电路的复杂程度和设计效率来看,显然第二种设计方法设计出的电路最佳。

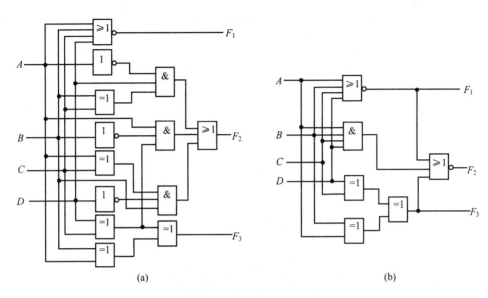

例 8 - 6 图

例 8 - 7 自己选定门电路，设计一个半减器和一个全减器。

解 半减器是个考虑向高位的借位的减法器。全减器则不仅考虑向高位的借位，还要考虑来自低位的借位。

一位二进制半减器的真值表如表 8 - 7(a)所列。

由真值表写出输出变量 D 和 V 的表达式为：

$$D = \overline{A}B + A\overline{B} = A \oplus B$$
$$V = \overline{A}B$$

为此用异或门、与门和反相器实现半减器的逻辑电路如例 8 - 7 图(a)所示。

例 8 - 7(a) 1 位二进制半减器真值表

被减数 A	减数 B	差 D	向高位的借位 V
0	0	0	0
0	1	1	1
1	0	1	0
1	1	0	0

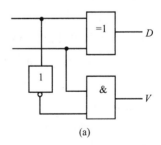

(a)

例 8 - 7 图

1 位二进制全减器的真值表如表 8 - 7(b)所示。

由真值表写出输出变量 D 和 V 的表达式为：

$$D = \overline{A} \cdot \overline{B}C + \overline{A}B\overline{C} + A\overline{B} \cdot \overline{C} + ABC$$
$$= \overline{A}(B \oplus C) + A\overline{B \oplus C} = A \oplus B \oplus C$$
$$V = \overline{A} \cdot \overline{B}C + \overline{A}B\overline{C} + \overline{A}BC + ABC$$
$$= \overline{A}B(\overline{C} + C) + (\overline{A} \cdot \overline{B} + AB)C = \overline{A}B + \overline{B \oplus C} \cdot C$$

用反相器、异或门、与门和或门实现全减器电路如例 8 - 7 图(b)所示。全减器是由两个半减器和一个或门实现。

例 8 - 7(b)　1 位二进制全减器真值表

被减数 A	减数 B	来自低位的借位 C	差 D	向高位的借位 V
0	0	0	0	0
0	0	1	1	1
0	1	0	1	1
0	1	1	0	1
1	0	0	1	0
1	0	1	0	0
1	1	0	0	0
1	1	1	1	1

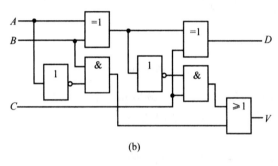

(b)

例 8 - 7 图

例 8 - 8　设计一个多功能组合逻辑电路，M_1、M_0 为功能选择输入信号，a、b 为逻辑变量，F 为电路的输出，当 $M_1 M_0$ 取不同值时，电路具有不同逻辑功能，如表 8 - 8 所列。试用 8 选 1 数据选择器和最少的与非门实现电路，并规定 M_1、M_0 及 a 分别接多路数据选择器的地址输入端 A_2、A_1、A_0。

解　因题目中已指定 M_1、M_0 及 a 接至地址输入端，所以 8 选 1 多路数据选择器的输入数据 $D_0 \sim D_7$ 只可能为 **0**、**1**、b 和 $\bar{b}$。各输入数据依据 $M_1 M_0$ 的状态所实现的电路功能来确定。

由表 8 - 8 可得

$$F = \overline{M_1} \cdot \overline{M_0} \cdot a + \overline{M_1} M_0 \cdot (a \oplus b) + M_1 \overline{M_0} \cdot ab + M_1 M_0 \cdot (a + b) \qquad (1)$$

根据题目的规定以及 8 选 1 数据选择器的逻辑表达式可得

$$F = \overline{M_1} \cdot \overline{M_0} \cdot \bar{a} \cdot D_0 + \overline{M_1} \cdot \overline{M_0} a \cdot D_1 + \overline{M_1} M_0 \bar{a} \cdot D_2 + \overline{M_1} M_0 a \cdot D_3 +$$
$$M_1 \overline{M_0} \cdot \bar{a} \cdot D_4 + M_1 \overline{M_0} a \cdot D_5 + M_1 M_0 \bar{a} \cdot D_6 + M_1 M_0 a \cdot D_7 \qquad (2)$$

由(1)式和(2)式可得

$$\begin{cases} \bar{a} D_0 + a D_1 = a \\ \bar{a} D_2 + a D_3 = a \oplus b = a\bar{b} + \bar{a}b \\ \bar{a} D_4 + a D_5 = ab \\ \bar{a} D_6 + a D_7 = a + b \end{cases} \qquad (3)$$

由(3)式可求得

$$D_0 = \mathbf{0} \qquad D_1 = \mathbf{1} \qquad D_2 = b \qquad D_3 = \bar{b}$$

$$D_4 = \mathbf{0} \qquad D_5 = b \qquad D_6 = b \qquad D_7 = \mathbf{1}$$

电路的连接图如例 8-8 图所示。

例 8-8 表　功能表

M_1	M_0	功　能
0	0	a
0	1	$a \oplus b$
1	0	ab
1	1	$a + b$

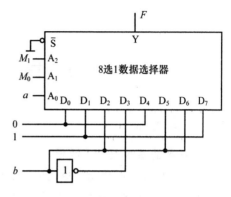

例 8-8 图

第 9 章　触发器和时序逻辑电路

9.1　重点内容及学习指导

9.1.1　触发器

1. 触发器的基本概念及性质

触发器是具有记忆功能的单元电路。触发器与门电路相配合,可以组成各种类型的时序逻辑电路,是组成时序数字电路的基本逻辑单元。

触发器具有两个稳定的工作状态("0"和"1"),在适当触发信号的作用下,可以从一个稳态翻转到另一个稳态。因此,它可以记忆一位二进制信息("0"和"1"),也可以在触发信号作用下改变寄存器信息。

2. 触发器的相关概念

稳态:指电路中的电流和电压不随时间变化的状态。

现态 Q^n:指某个时钟脉冲作用前触发器的原状态。

次态 Q^{n+1}:指某个时钟脉冲作用后触发器的状态。

3. 触发器的动态特性

为了保证触发器在动态工作时能可靠地翻转,输入信号、时钟信号及它们在时间上相互配合应满足一定的要求。这些要求表现在对建立时间、保持时间、时钟信号的宽度和最高工作频率的限制上。对于每个具体型号的集成触发器,可以从手册上查到这些参数,在应用时应符合这些参数所规定的条件。

9.1.2　时序逻辑电路基本知识点

1. 时序电路特点

时序逻辑电路的输出不仅取决于该时刻的输入信号,而且与电路的原状态有关。简而言之,时序电路具有"记忆性"。因此它以具有记忆功能的触发器作为基本单元电路。

2. 时序电路功能描述方法

描述时序电路的逻辑功能可以用状态方程和输出方程、状态转换真值表、状态转换图以及时序图等方法。这四种方法各有特点,相互补充,对于一个具体的电路应选择合适的方法来描述它的逻辑功能。

3. 基于 SSI 的时序电路分析方法

所谓时序电路的分析,就是要确定给定时序电路的逻辑功能。具体说,就是找出电路的状态变量和输出变量随输入变量和时钟信号变化而变化的规律。其一般方法和步骤教材中已作详细介绍,此处不再赘述。

需要说明,稍微复杂的时序电路都要按基本分析步骤才能得到最终的结果,如移位寄存器和计数器等；简单的时序电路则不必完全按照基本步骤进行，可以省略其中的一些步骤，如寄存器、单向移位寄存器等。

此外，在分析异步时序电路时，要注意每次电路状态发生转换时并不是所有触发器都有时钟信号输入，只有那些有时钟信号输入的触发器才需要用状态方程去计算次态，而没有时钟信号输入的触发器将保持原来的状态不变。

4. 基于 SSI 的时序电路设计方法

同组合电路的设计一样，时序电路的设计也是要求设计者从实际的逻辑问题出发，设计出满足逻辑功能要求的电路，并力求最简。电路最简的标准是所用的触发器和门电路的数目最少，而且触发器和门电路输入端数目也最少。具体设计步骤教材中以作详细介绍。

9.1.3　常用中规模集成时序逻辑器件及其应用

根据工程应用需求，许多具有特殊功能的 SSI 时序逻辑电路被集成为专用芯片，构成中规模时序逻辑器件（MSI）。

1. 计数器

计数器是种类最多应用最广泛的时序电路，它具有记录脉冲个数的功能。计数器有同步和异步、加法和减法之分，根据计数器有效状态的个数，还分为二进制计数器、十进制计数器和 N 进制计数器（N 为正整数）。

集成计数器有异步二进制加法计数器、同步二进制加法计数器和同步二进制可逆计数器、异步十进制加法计数器、同步十进制加法计数器和同步十进制可逆计数器。为了使用灵活方便，集成计数器除具有计数功能外，还增加清零、预置数、保持等功能。

实用电路中除二进制计数器和十进制计数器外，还常用各种其他进制的计数器。以集成计数器作为基本器件，采用反馈法可以实现任意进制计数器。

2. 寄存器

寄存器分为数码寄存器和移位寄存器，它也是一种常用的时序电路。集成寄存器有多位数码寄存器、单向移位寄存器和双向移位寄存器。移位寄存器又常有清零（异步清零或同步清零）、并行输入数据等功能。与计数器相同，通过阅读功能表详细了解各方面的功能特点。用移位寄存器可构成环形和扭环形计数器。

9.1.4　555 定时器及其应用电路

1. 555 定时器

555 定时器是一种应用很广泛的集成电路，利用它可以组成施密特触发器、单稳态触发器和多谐振荡器。施密特触发器和单稳态触发器有集成电路，它们具有很好的电气特性。振荡频率较高的多谐振荡器应用门电路组成；在要求振荡频率特别稳定的场合，应采用石英晶体多谐振荡器。

2. 单稳态触发器

单稳态触发器只有一个稳态，在触发脉冲作用下，将由稳态翻转到暂态，且经过一定的时间自动返回稳态，暂态持续的时间就是输出脉冲的宽度 t_w，也称为延迟时间，其值由电路参数 R 和 C 的值决定。单稳态电路主要用于脉冲的整形和延时。

3. 多谐振荡器

多谐振荡器是一种自激振荡电路,不需要外加输入信号,就可以自动地产生出矩形脉冲。石英晶体多谐振荡器,利用石英晶体的选频特性,只有频率为 f_0 的信号才能满足自激振荡条件,产生自激振荡,其主要特点是 f_0 的稳定性较好。

4. 施密特触发器

施密特触发器虽然不能自动地产生矩形脉冲,但却可以把其他形状的信号变换成为矩形波,为数字系统提供"干净"的脉冲信号。

9.2 典型例题分析

例 9-1 分析例 9-1 图所示电路的逻辑功能,并列出真值表。

解 以 E、S、R 作为输入变量,Q 作为输出变量,列出例 9-1 图所示电路的真值表,如表 9-1 所列。由真值表可见,例 9-1 图所示电路是一个基本 RS 触发器,三态输出,E 是使能端。

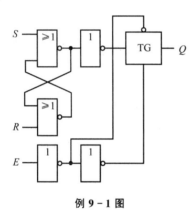

例 9-1 图

例 9-1 表   真值表

输入			输出
E	S	R	Q
0	×	×	高阻
1	0	0	不变
1	0	1	0
1	1	0	1
1	1	1	不定

例 9-2 根据现有的 JK 触发器,进行以下转换:

(1) 转换为 D 触发器;

(2) 转换为 RS 触发器。

解 本题属于不同功能触发器相互转换问题。这在实际应用中经常遇到,由于条件所限,有时没有所需类型的触发器,手头只有不需要的触发器,这时就要进行类型转换。转换方法是:将两种触发器的特性方程进行对比,找出对应关系,问题即可得到解决。关于触发器的转换,教材中没有提及,读者可借此机会学习。

(1) 两种触发器的特性方程为

JK 触发器 $$Q^{n+1} = J\overline{Q^n} + \overline{K}Q^n$$
D 触发器 $$Q^{n+1} = D$$

对 $Q^{n+1} = D$ 进行变换

$$Q^{n+1} = D(\overline{Q^n} + Q^n) = D\overline{Q^n} + DQ^n$$

同 JK 触发器对比可知

$$J = D \qquad K = \overline{D}$$

转换连接图如例 9－2 图(a)所示。

（2）RS 触发器的状态方程为

$$\begin{cases} Q^{n+1} = S + \overline{R}Q^n \\ RS = 0 \end{cases}$$

将上式进行以下变换

$$Q^{n+1} = S(\overline{Q^n} + Q^n) + \overline{R}Q^n = S\overline{Q^n} + \overline{\overline{S}RQ^n}$$

同 JK 触发器对比可得

$$J = S \qquad K = \overline{S}R = \overline{S}R + SR = R\ (\text{利用了 } RS = 0 \text{ 的约束条件})$$

将 JK 触发器转换为 RS 触发器的连接图如例 9－2 图(b)所示。

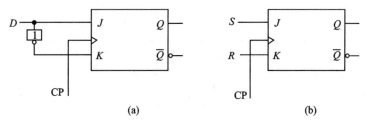

例 9－2 图

例 9－3　试画出例 9－3 图(a)电路输出端 Y 的电压波形,输入端 A 和 CP 的波形如图(b)所示。假定触发器的初始状态为 **0**。

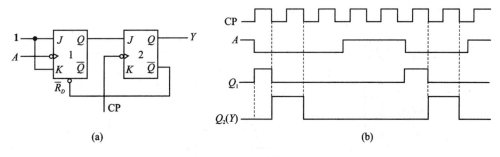

例 9－3 图

解　在图(a)中,$J_1 = K_1 = 1$,$Q_1^{n+1} = [\overline{Q_1^n}]A \downarrow$,$\overline{R}_D = \overline{Q}_2$;$J_2 = Q_1^n$,$K_2 = 1$,$Q_2^{n+1} = [Q_1^n \overline{Q_2^n}]$ CP $\downarrow$,可画出波形图如图(b)所示。

例 9－4　证明例 9－4 图所示电路具有 JK 触发器的逻辑功能。

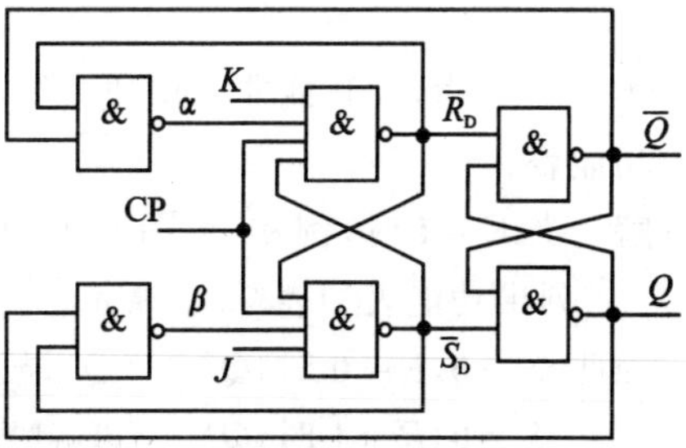

解　当 CP＝**0** 时,$\overline{R}_D = \overline{S}_D = 1$,触发器状态不变,此时,$\alpha = Q^n$,$\beta = \overline{Q^n}$;

当 CP ＝ **1** 时,$\overline{S}_D = \overline{J\beta} = \overline{J\overline{Q^n}}$,$\overline{R}_D = \overline{K\alpha} = \overline{KQ^n}$,代入基本触发器的状态方程,得

$$Q^{n+1} = S_D + \overline{R}_D Q^n = J\overline{Q^n} + \overline{KQ^n}Q^n = J\overline{Q^n} + \overline{K}Q^n$$

约束条件 $\overline{S}_D + \overline{R}_D = \overline{J\overline{Q^n}} + \overline{KQ^n} = 1$ 满足。因此该电路为 JK 触发器。

例 9－4 图

例 9 - 5　主从 JK 触发器的输入端波形如例 9 - 5 图所示,试画出输出端的波形。

解　设触发器的初始状态为 **0**。主从 JK 触发器的 Q(主)和 Q 的波形如例 9 - 5 图所示。

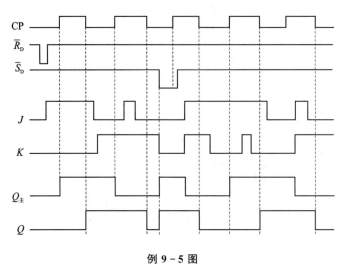

例 9 - 5 图

例 9 - 6　例 9 - 6 图(a)所示是维持—阻塞 D 触发器的脉冲分频电路,试画出 Q 端对应输出波形,设初始状态为 **0**。

解　图中 Q_1 在 CP 上升沿触发,Q_2 在 CP 下降沿触发,$Y = D_1 = D_2 = \overline{Q_1^n + Q_2^n}$,由此画出 Q_1、Q_2、Y 的波形如图(b)所示。

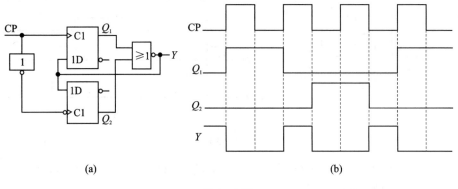

(a)　　　　　　　　　　　　　(b)

例 9 - 6 图

例 9 - 7　由与门、或非门组成的同步 RS 触发器如例 9 - 7 图所示。试分析其工作原理并列出功能表。

解　当 $E = 1$ 时,例 9 - 7 图所示为同步 RS 触发器,可由特性方程 $Q^{n+1} = S + \overline{R}Q^n$ 来求出 Q^{n+1},列出功能表如表 9 - 7 所示。当 $E = 0$ 时,触发器输出维持不变。

因此,$S = 0,R = 0$ 时,$Q^{n+1} = Q^n$,故为维持原状态;

　　　$S = 0,R = 1$ 时,$Q^{n+1} = 0$,触发器置 0;

　　　$S = 1,R = 0$ 时,$Q^{n+1} = 1$,触发器置 1;

　　　$S = 1,R = 1$ 时,为不稳定状态,应避免。

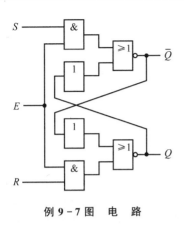

例 9 - 7 图 电 路

例 9 - 7 表 功能表

S	R	Q^n	Q^{n+1}
0	0	0	0
0	0	1	1
0	1	0	0
0	1	1	0
1	0	0	1
1	0	1	1
1	1	0	不定
1	1	1	不定

例 9 - 8 两相脉冲产生电路如例 9 - 8 图(a)所示,试画出在所给 CP 脉冲作用下 ϕ_1、ϕ_2 的波形,并说明 ϕ_1 和 ϕ_2 的相位差。设各触发器的初始状态为 **0**。

解 由例 9 - 8 图(a)可知,两个 JK 触发器为下降沿触发的边沿触发器。第一个触发器是一个翻转触发器,即每过一个下降,沿 Q_1 翻转一次。第二个 JK 触发器仍是一个翻转触发器,但它的时钟脉冲是前一个触发器的 Q_1 输出。ϕ_1 是 Q_2 输出信号,ϕ_2 是由 Q_1、Q_2 组合产生的。

$$Q_1^{n+1} = J_1 \overline{Q_1^n} + \overline{K_1} Q_1^n = \overline{Q_1^n} \text{(时钟脉冲是 CP 的下降沿)}$$

$$Q_2^{n+1} = J_2 \overline{Q_2^n} + \overline{K_2} Q_2^n = \overline{Q_2^n} \text{(时钟脉冲是 } Q_1^n \text{ 的下降沿)}$$

$$\phi_1 = Q_2^n$$

$$\phi_2 = Q_1^n Q_2^n + \overline{Q_1^n} + \overline{Q_2^n} = Q_1^n \odot Q_2^n$$

依此可画出波形图如例 9 - 8 图(b)所示。由波形图可知,ϕ_1 的相位超前 ϕ_2 一个 CP 周期。

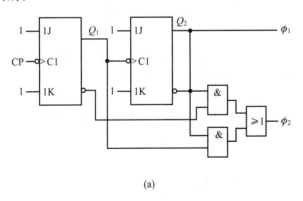

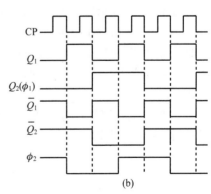

(a)   (b)

例 9 - 8 图

例 9 - 9 逻辑电路如例 9 - 9 图(a)所示,已知 CP 和 A 的波形如图(b)所示,试画出触发器输出端 Q 的波形。设触发器的初始状态为 **0**。

解 这是一个带有异步置 **0** 端的下降沿触发的主从 JK 触发器。异步置 **0** 端 $R = \overline{Q^n \cdot \text{CP}}$,且为低电平有效,即当 CP=**1** 且 Q^n=**1** 时,JK 触发器被强行置 **0**。

由于 JK 触发器输出为

$$Q^{n+1} = J\overline{Q^n} + \overline{K}Q^n = A\overline{Q^n} + Q^n = Q^n + A$$

同时

$$R = \overline{Q^n \cdot CP}$$

画波形图时要注意两个时刻:一是 CP 下降沿时刻,该时刻 $Q^{n+1} = Q^n + A$;另一时刻是 $\overline{R}$ = 0 时,触发器被强行置 0,因此 $\overline{R} = 0$ 只能维持很短的时间。

由此可画出触发器 Q 端的波形,如图(b)所示。

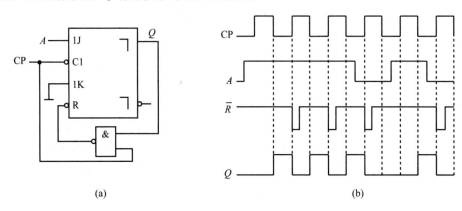

(a)　　　　　　　　　　　　　　　(b)

例 9 - 9 图

例 9 - 10　用 4 位二进制同步加法计数器 74LS161 和十进制同步加法计数器 74LS160 及 8 选 1 数据选择器 74LS151 构成的分频器电路如例 9 - 10 图所示,时钟 CP 的频率为 256 kHz, 试回答下列问题:

① 两片 74LS161 构成多少进制计数器?

② 当 $X_6 X_5 X_4 X_3 X_2 X_1 X_0 = 0110100$ 时,74LS160 构成几进制计数器? 此时 Y 和 Z 的频率为多少?

③ 欲使 Z 的输出频率为 1 kHz,$X_6 X_5 X_4 X_3 X_2 X_1 X_0$ 可以取哪些数值?

④ 求 Z 的输出频率范围。

解　① 两片 74LS161 的 $\overline{CR}$ 和 $\overline{LD}$ 输入端均悬空,相当于接高电平,因此不会工作在异步清零和同步置数方式。又因为两片 74LS161 按照同步方式级联,所以它们构成二百五十六进制计数器。

② 74LS160 按照程控计数方式连接,当 $X_6 X_5 X_4 X_3 X_2 X_1 X_0 = \mathbf{0110100}$ 时,74LS160 构成四进制计数器。此时 Y 选择右侧 74LS161 的 Q_3 端输出,为 CP 频率的 32 分频,因此 Y 和 Z 的频率分别为

$$f_Y = \frac{f_{CP}}{32} = \frac{256 \text{ kHz}}{32} = 8 \text{ kHz}$$

$$f_Z = \frac{f_Y}{4} = \frac{8 \text{ kHz}}{4} = 2 \text{ kHz}$$

③ 欲使 Z 的输出频率为 1 kHz,总的分频次数必须是 256。由于 Y 是从两片 74LS161 的 8 个 Q 端输出中选 1 个输出,因此,Y 输出频率只能是时钟 CP 频率的 2 分频、4 分频、8 分频、16 分频、32 分频、64 分频、128 分频和 256 分频,而 74LS160 的分频次数为 2~10。因此,综合来看,只能选择下列分频组合:

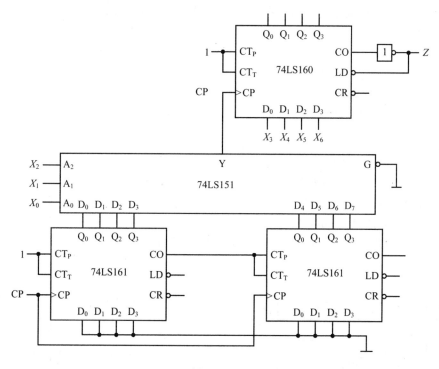

例 9 - 10 图

74LS160 为 2 分频，Y 为 128 分频，即 $X_6 X_5 X_4 X_3 X_2 X_1 X_0 = \mathbf{1000110}$；

74LS160 为 4 分频，Y 为 64 分频，即 $X_6 X_5 X_4 X_3 X_2 X_1 X_0 = \mathbf{0110101}$；

74LS160 为 8 分频，Y 为 32 分频，即 $X_6 X_5 X_4 X_3 X_2 X_1 X_0 = \mathbf{0010100}$。

④ 当 $X_6 X_5 X_4 X_3 X_2 X_1 X_0 = \mathbf{0000111}$ 时，整个分频器的分频次数最大，为 256×10 分频，此时 Z 的输出频率最低；当 $X_6 X_5 X_4 X_3 X_2 X_1 X_0 = \mathbf{1000000}$ 时，整个分频器的分频次数最少，为 2×2 分频，此时 Z 的输出频率最高。因此，

$$f_{Z,\min} = \frac{f_{CP}}{256 \times 10} = \frac{256 \text{ kHz}}{2\ 560} = 100 \text{ Hz}$$

$$f_{Z,\max} = \frac{f_{CP}}{2 \times 2} = \frac{256 \text{ kHz}}{4} = 64 \text{ kHz}$$

所以，Z 的输出频率范围为 100 Hz～64 kHz。

例 9 - 11　由 4 位比较器 74LS85 和 4 位二进制计数器 74LS161 构成定时电路，如例 9 - 11 图所示。Z 为输出端，设比较器的输入端 $A_3 A_2 A_1 A_0$ 接固定电平 $\mathbf{1001}$；计数器的数据输入端 $D_3 D_2 D_1 D_0$ 预置在 $\mathbf{0010}$。

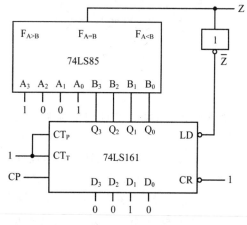

例 9 - 11 图

① 一个 Z 脉冲周期内包含多少个 CP 脉冲周期？

② 若将 $\overline{Z}$ 改接在 $\overline{CR}$ 端（$\overline{LD}$ 端该接为高电平），试求一个 Z 脉冲周期内包含多少个 CP 脉冲周期。

解 首先应确定计数器的工作状态。当计数器的状态为 **1001**(状态 9)时,$Z=1$。所以,$\overline{LD}=\overline{Z}=\mathbf{0}$,在下一个 CP 脉冲作用下,计数器进入 **0010**(状态 2)。故知计数器的工作状态为状态 2～状态 9,共有 8 个状态。每次状态转换都需要一个 CP 脉冲触发,故知在一个 Z 脉冲周期内包含 8 个 CP 脉冲周期(工作波形图很简单,留给读者自己练习)。

例 9 - 12 用双向移位寄存器 74194 设计一个时序电路,使它的输出 Z 和输入 X 之间满足例 9 - 12 图(a)所示的时序关系。要求电路能够自启动。

解 从图(a)可见,输出 Z 的一个周期包含了 6 个 X 脉冲周期,因此,只要将 74194 接为模 6 扭环形计数器,就可按照计数型序列产生器的方式来产生 Z 的输出波形,6 个 X 脉冲周期对应的 Z 输出依次为 $\overline{X}$,**1**,**0**,**0**,**1**,**1**,可以用 8 选 1 数据选择器来产生。

当使用右移方式时,只需要使用 74194 的 $Q_0Q_1Q_2$ 这 3 个触发器来构成模 6 扭环形计数器,此时的状态图如图(b)所示,显然,它是非自启动的,但采用遇 010 状态异步清零的方法就可以将它改进为自启动的计数器,完整的电路如图(c)所示。

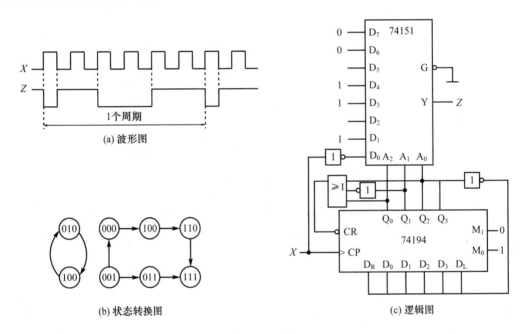

(a) 波形图

(b) 状态转换图

(c) 逻辑图

例 9 - 12 图

例 9 - 13 设计一个自动售邮票机的逻辑电路。每次只允许投入一枚五角或一元的硬币,累计投入两元硬币给出一张邮票。如果投入一元五角硬币以后再投入一枚一元硬币,则给出邮票的同时还应找回五角钱。要求设计的电路能自启动。

解 用逻辑变量 A 表示投入一元硬币,用逻辑变量 B 表示投入五角硬币,用逻辑变量 Y 表示给出一张邮票,用逻辑变量 Z 表示找回五角钱。用 Q_1Q_0 等于 **00**、**01**、**10**、**11** 分别表示未投币、投入五角硬币、投入一元硬币、投入五角硬币等四种情况。电路的状态转换图如例 9 - 13 图(a)所示。

根据状态转换图,可画出电路的卡诺图,如图例 9 - 13 图(b)所示。根据卡诺图,可写出电路的状态方程和输出方程。

状态方程

$$Q_1^{n+1} = (A + BQ_0)\overline{Q_1} + (\overline{A}\,\overline{B} + \overline{A}\,\overline{Q_0})Q_1$$

$$Q_0^{n+1} = B\overline{Q_0} + (\overline{A}\,\overline{B} + \overline{B}\,\overline{Q_1})Q_0$$

输出方程

$$Y = AQ_1 + BQ_1Q_0 = Q_1(A + BQ_0)$$

$$Z = AQ_1Q_0$$

如果选用 JK 触发器，电路的驱动方程为

$$J_1 = A + BQ_0 \qquad K_1 = \overline{\overline{A}\,\overline{B} + \overline{A}\,\overline{Q_0}} = A + BQ_0$$

$$J_0 = B \qquad K_0 = \overline{\overline{A}\,\overline{B} + \overline{B}\,\overline{Q_1}} = B + AQ_1$$

根据驱动方程和输出方程，可画逻辑电路图如例 9 - 13 图（c）所示。

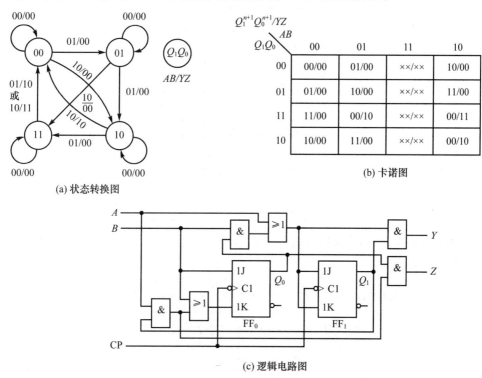

(a) 状态转换图

(b) 卡诺图

(c) 逻辑电路图

例 9 - 13 图

例 9 - 13 属于较复杂的时序电路的设计题，关键是根据题意合理地选择变量，规定意义并进行逻辑赋值，从而得出状态转换表，再利用卡诺图化简。倘若不规定触发器的类型，选择 D 触发器可方便地得出逻辑图，根据就是 $Q_i^{n+1} = D_i$；如选择 JK 触发器，在得出 Q_i^{n+1} 的表达式后，按 JK 触发器的特征方程进行整理变形，然后经过对照方可得出 J_i、K_i 的表达式，这样做相对难一些。

例 9 - 14　试用 4 片 JK 触发器设计一个同步十进制计数器，并将其输出信号用与非门电路译码后控制红(R)、绿(G)、黄(Y)3 个交通灯。要求一个工作循环为：红灯亮 30 s、黄灯亮 10 s、绿灯亮 50 s、黄灯亮 10 s。要求写出设计过程，画出 CP、R、G 和 Y 的波形图和逻辑电路图。

解 ① 设计同步十进制计数器。用同步时序电路设计方法可求得激励方程为：

$$J_0 = K_0 = 1$$
$$J_1 = \overline{Q_3^n}Q_0^n \qquad K_1 = Q_0^n$$
$$J_2 = K_2 = Q_1^n Q_0^n$$
$$J_3 = Q_2^n Q_1^n Q_0^n \qquad K_3 = Q_0^n$$

② 用与非门设计译码电路。设 CP 脉冲周期为 10 s；R、Y、G 这 3 个灯在高电平时发亮，低电平时灯灭。依据题意，在 10 个 CP 脉冲周期内(一个工作循环周期)，从计数器的 0000 状态开始，红灯 R 亮 30 s、黄灯 Y 亮 10 s、绿灯 G 亮 50 s、黄灯 Y 亮 10 s。输出波形如例 9 - 14 图(a)所示。译码电路真值表如表 9 - 14 所列。

例 **9 - 14 表**　真值表

Q_3^n	Q_2^n	Q_1^n	Q_0^n	R	Y	G
0	0	0	0	1	0	0
0	0	0	1	1	0	0
0	0	1	0	1	0	0
0	0	1	1	0	1	0
0	1	0	0	0	0	1
0	1	0	1	0	0	1
0	1	1	0	0	0	1
0	1	1	1	0	0	1
1	0	0	0	0	0	1
1	0	0	1	0	1	0
1	0	1	0			
	⋮				×	
1	1	1	1			

由表可画出 R、Y、G 的卡诺图，图例 9 - 14 图(b)所示。
由卡诺图可得

$$R = \overline{Q_3^n} \cdot \overline{Q_2^n} \cdot \overline{Q_1^n} + \overline{Q_3^n} \cdot \overline{Q_2^n} \cdot \overline{Q_0^n} = \overline{\overline{Q_3^n} \cdot \overline{Q_2^n} \cdot \overline{Q_1^n} \cdot \overline{Q_3^n} \cdot \overline{Q_2^n} \cdot \overline{Q_0^n}}$$

$$Y = Q_3^n Q_0^n + \overline{Q_2^n} Q_1^n Q_0^n = \overline{\overline{Q_3^n Q_0^n} \cdot \overline{\overline{Q_2^n} Q_1^n Q_0^n}}$$

$$G = Q_3^n \overline{Q_0^n} + Q_2^n = \overline{\overline{Q_3^n \overline{Q_0^n}} \cdot \overline{Q_2^n}}$$

③ 画逻辑电路图，如例 9 - 14 图(c)所示。

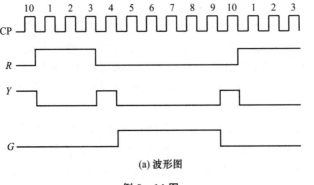

(a) 波形图

例 **9 - 14 图**

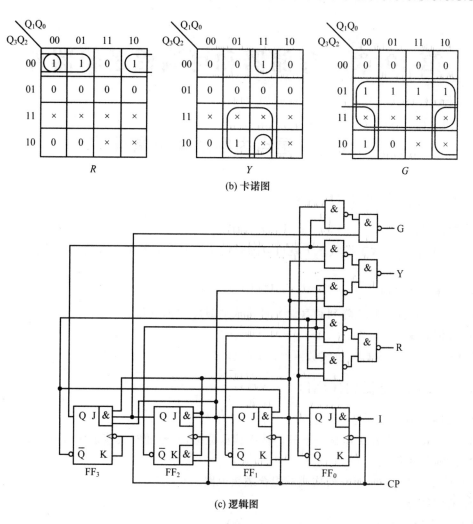

(b) 卡诺图

(c) 逻辑图

例 9 – 14 图(续)

第 10 章　存储器和可编程逻辑器件

10.1　重点内容及学习指导

10.1.1　随机存储器(RAM)

1. 功能特点

随机存储器在正常工作状态下就可以随时快速地向存储器中写入数据或从存储器中读取数据。

2. 逻辑结构组成

RAM 是由与阵列、或阵列和存储元件构成的时序逻辑电路。

3. 存储容量

RAM 容量=字线数×位线数=$2^n×m$(位)。

10.1.2　只读储器(ROM)

1. 功能特点

只读存储器在正常工作状态下只能从中读取数据,不能随时快速地修改或重新写入数据。

2. 逻辑结构组成

ROM 是由与阵列、或阵列构成的组合逻辑电路。

3. 存储容量

ROM 容量=字线数×位线数=$2^n×m$(位)。

10.1.3　可编程逻辑器件

可编程逻辑器件(PLD)按照集成密度和结构特点可以分为以下几类:

$$
\text{可编程逻辑器件(PLD)}
\begin{cases}
\text{低密度 PLD}
\begin{cases}
\text{FPLA} \\
\text{PAL} \\
\text{GAL}
\end{cases} \\
\text{高密度 PLD}
\begin{cases}
\text{EPLD} \\
\text{CPLD} \\
\text{FPGA} \\
\text{ispPLD}
\end{cases}
\end{cases}
$$

10.2　典型例题分析

例 10-1　试用 ROM 构成实现函数 $y=x^2$ 的运算表电路,x 的取值范围为 0~9 的正整数。

解 根据题意列出函数运算表,如表 10 - 1 所列。

表 10 - 1

输 入				输 出							注
A_3	A_2	A_1	A_0	Y_6	Y_5	Y_4	Y_3	Y_2	Y_1	Y_0	y
0	0	0	0	0	0	0	0	0	0	0	0
0	0	0	1	0	0	0	0	0	0	1	1
0	0	1	0	0	0	0	0	1	0	0	4
0	0	1	1	0	0	0	1	0	0	1	9
0	1	0	0	0	0	0	0	0	0	0	16
0	1	0	1	0	0	1	1	0	0	1	25
0	1	1	0	0	1	0	0	1	0	0	36
0	1	1	1	0	1	1	0	0	0	1	49
1	0	0	0	1	0	0	0	0	0	0	64
1	0	0	1	1	0	1	0	0	0	1	81

得到

$$Y_6 = m_8 + m_9$$
$$Y_5 = m_6 + m_7$$
$$Y_4 = m_4 + m_5 + m_7 + m_9$$
$$Y_3 = m_3 + m_5$$
$$Y_2 = m_2 + m_6$$
$$Y_1 = 0$$
$$Y_0 = m_1 + m_3 + m_5 + m_7 + m_9$$

用 ROM 的存储矩阵图表示,如例 10 - 1 图所示。

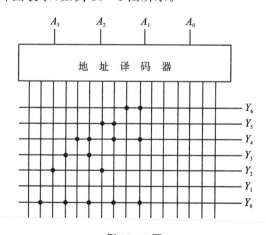

例 10 - 1 图

例 10 - 2 用 PLA 可编程逻辑阵列和 D 触发器设计能够进行加法计数和减法计数的两位二进制同步可逆计数器。当 $X = 0$ 时,进行加法计数;当 $X = 1$ 时,进行减法计数。进位/借位信号为 Y。画出 PLA 阵列的逻辑图。

解　根据题意可得可逆计数器的状态转换表如表 10-2 所列。

经卡诺图化简得电路的输出函数为

$$\overline{Y} = X\overline{Q_2}\,\overline{Q_1} + \overline{X}Q_2Q_1$$

触发器的激励函数为

$$\begin{cases} D_2 = \overline{X\overline{Q_2}Q_1} + \overline{X}Q_2\overline{Q_1} + X\overline{Q_2}\,\overline{Q_1} + XQ_2Q_1 \\ D_1 = \overline{Q_1} \end{cases}$$

利用 PLA 事先输出函数和激励函数,其阵列逻辑图如例 10-2 图所示。

表 10-2

X	Q^n	Q^n	Q^{n+1}	Q^{n+1}	Y
0	0	0	0	1	0
0	0	1	1	0	0
0	1	0	1	1	0
0	1	1	0	0	1
1	0	0	1	1	1
1	0	1	0	0	0
1	1	0	0	1	0
1	1	1	1	0	0

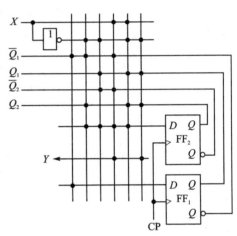

例 10-2 图

第 11 章　数-模和模-数转换电路

11.1　重点内容及学习指导

11.1.1　D/A 转换器

1. D/A 转换器的基本概念和基本转换原理

（1）基本概念

D/A 转换器：将输入的二进制数字码转换为与之相对应的模拟电压或电流信号的器件。

最小可分辨输出电压 U_{LSB}：只有最低有效位（Least Significant Bit，LSB）为 1 时的输出电压。

最大输出电压 U_M：满刻度数字量（输入数字全为 1）时的输出电压。

分辨率：指最小可分辨输出电压 U_{LSB} 与最大输出电压 U_M 之比，即分辨率 $= U_{LSB}/U_M = 1/(2^n - 1)$。

转换误差：可以用绝对精度和相对精度来描述。绝对精度是指对于给定的满度数字量，D/A 转换器的实际输出与理论值之间的误差。相对精度是指任意数字量的模拟输出量与它的理论值之差同满量程之比。

转换速度：指每秒的最大转换次数。

（2）基本转换原理

基本组成：由电阻阵列和 n 个模拟开关构成的译码网络、求和运算放大器、参考基准电压源等部分组成。

基本原理：数模转换时首先产生与输入数字量各位权值成正比的电流，然后通过求和放大器求和转换为模拟电压，从而实现数模转换。

工作过程：数字码输入后，译码网络控制切换开关由电阻阵列产生与每一位输入的数字码成比例的电流（或电压），求和放大器将每个输出合成并输出相应的模拟电流（或电压）。

2. 常见 D/A 转换类型

D/A 转换方案很多，根据译码网络的不同，可构成权电阻网络型、T 型电阻网络型、倒 T 型电阻网络和权电流型等多种 D/A 转换电路。其中，在集成 D/A 中应用较多的是权电流型和倒 T 型电阻网络两种结构，且倒 T 型电阻网络应用最为广泛。

3. 应　用

D/A 转换器的主要用途是作为数字系统和模拟系统之间的接口。除此之外，它还用作数控波形发生器、程控增益放大器和电压-频率转换器等。

11.1.2　A/D 转换器

1. A/D 转换器的基本工作原理

将连续的模拟信号转换成离散的数字信号,通常经过采样、保持、量化和编码四个过程。

(1) 采　样

采样是把模拟输入信号按一定的时间间隔抽取样值,采样一般由采样器来完成。若要不失真地取输入信号的信息,则 A/D 转换器的采样频率 f_S 必须满足采样定理。

(2) 保　持

保持电路是维持采样点的电平不变,给量化电路提供一个稳定的电平,以保证转换的精确性的电路。

(3) 量　化

保持电路输出的模拟电压,用一个量化单位 q 去测量并取其整数,这就是量化过程。在量化过程中,采样电压不一定能被量化单位整除,因此,量化时会产生量化误差,量化误差是实际存在的,且不可能消除。

量化有两种方式,只舍不入量化方式和有舍有入量化方式。采用只舍不入量化方式时,最大量化误差为 $\varepsilon_{max} = \Delta(\Delta = U_M/2^n)$;采用有舍有入量化方式时,量化误差有正有负,其最大量化误差绝对值为 $|\varepsilon_{max}| = \Delta/2(\Delta = 2U_M/(2^{n+1}-1))$。

(4) 编　码

把量化的结果转换为二进制码表示称为编码。把模拟信号采样值转换为二进制数字量的过程就是量化和编码的过程。

2. 常见 A/D 转换器的的转换原理及特性

A/D 转换器类型很多,按工作原理可分为直接 A/D 转换器和间接 A/D 转换器两类。直接 A/D 转换器可以直接将模拟电压信号转换为二进制代码输出,其典型电路有并行比较型 A/D 转换器和逐次逼近型 A/D 转换器,它们的特点是转换速度较快。间接 A/D 转换器则是将模拟电压信号转换成一个中间量,如时间、频率等,再将中间量转换成二进制代码输出,其典型电路有双积分型 A/D 转换器、电压频率转换型 A/D 转换器等,它们的特点是转换速度较慢,但其精度较高。

11.2　典型例题分析

例 11 - 1　例 11 - 1 图所示为为模/数转换器常用的两种量化方法,试讨论各自的量化误差有多大?

解　图(a)中取量化电平 $\Delta = 1/8$ V,凡是数值在 0~1/8 V 之间的模拟电压均当成 0Δ(即 0),用数值 **000** 表示;凡数值在 1/8~2/8 V 之间的模拟电压均当成 1Δ 看待,用 **001** 表示;……数值在 7/8~1 V 之间的模拟电压均当成 7Δ 看待,这种量化误差可能带来最大误差为 Δ,即 1/8 V。

图(b)中取量化电平 $\Delta = 2/15$ V,凡是数值在 0~1/15 V 即 0~(1/2)Δ 之间的模拟电压用 **000** 表示;……将 13/15~1 V 之间的模拟电压用 **111** 表示。这样可将最大量化误差减小到 (1/2)Δ 即 1/15 V。这是因为将每个二进制代码所表示的模拟电压值规定在所对应的模拟电

输入信号	二进制代码	代表的模拟电压
1V		
7/8V	111	$7\Delta=7/8$ (V)
6/8V	110	$6\Delta=6/8$ (V)
5/8V	101	$5\Delta=5/8$ (V)
4/8V	100	$4\Delta=4/8$ (V)
3/8V	011	$3\Delta=3/8$ (V)
2/8V	010	$2\Delta=2/8$ (V)
1/8V	001	$1\Delta=1/8$ (V)
0	000	$0\Delta=0$ (V)

(a)

输入信号	二进制代码	代表的模拟电压
1V		
13/15V	111	$7\Delta=14/15$ (V)
11/15V	110	$6\Delta=12/15$ (V)
9/15V	101	$5\Delta=10/15$ (V)
7/15V	100	$4\Delta=8/15$ (V)
5/15V	011	$3\Delta=6/15$ (V)
3/15V	010	$2\Delta=4/15$ (V)
1/15V	001	$1\Delta=2/15$ (V)
0	000	$0\Delta=0$ (V)

(b)

例 11-1 图

压范围的中间值,所以量化误差最大为$(1/2)\Delta$。

又比如若参考电压为 5 V、8 位的 DAC,则用第一种方法产生的最大量化误差为$\dfrac{5}{2^8}=\dfrac{5}{256}=19.5$ mV ,用第二种方法量化误差为$\dfrac{5}{2^9-1}=9.78$ mV 。

例 11-2　例 11-2 图所示电路是用十位集成 $R-2R$ 倒 T 型数模转换器 CB7520 和 74LS161 组成的波形发生器电路。已知 CB7520 参考电压 $V_{REF}=-10$ V,试求输出电压 u_o 的值。

解　已知十位 DAC 输出电压 u_o 与输入数字量之间的关系为

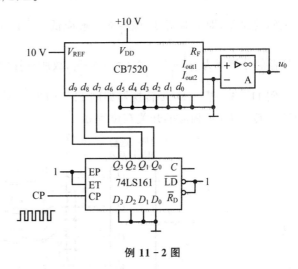

例 11-2 图

$$u_o=-\frac{V_{REF}}{2^n}\sum_{i=0}^{n-1}(D_i\times 2^i)=-\frac{-10}{2^{10}}\sum_{i=0}^{9}(D_i\times 2^i)=\frac{10}{2^{10}}\sum_{i=0}^{9}(D_i\times 2^i)$$

其中 $d_9\sim d_6$ 分别为 $Q_3Q_2Q_1Q_0$,$d_5\sim d_0$ 为 **000000**,代入上式得

$$u_o=\frac{10}{2^{10}}(Q_3\times 2^9+Q_2\times 2^8+Q_1\times 2^7+Q_0\times 2^6).$$

$$=\frac{10}{2^{10}}(Q_3\times 2^3+Q_2\times 2^2+Q_1\times 2^1+Q_0\times 2^0)2^6$$

$$=\frac{10}{2^4}\sum_{i=0}^{3}(D_i\times 2^i)$$

当 $\sum\limits_{i=0}^{3}(D_i\times 2^i)$ 在 0 ~ 15 之间变化时,其对应的输出电压 u_o 如表 11-2 所列。

本题是一道研究生考试题目。

例 11 - 2 表

CP	Q_3	Q_2	Q_1	Q_0	u_o/V	CP	Q_3	Q_2	Q_1	Q_0	u_o/V
0	0	0	0	0	0	8	1	0	0	0	5
1	0	0	0	1	0.625	9	1	0	0	1	5.625
2	0	0	1	0	1.25	10	1	0	1	0	6.25
3	0	0	1	1	1.875	11	1	0	1	1	6.875
4	0	1	0	0	2.5	12	1	1	0	0	7.5
5	0	1	0	1	3.125	13	1	1	0	1	8.125
6	0	1	1	0	3.75	14	1	1	1	0	8.75
7	0	1	1	1	4.375	15	1	1	1	1	9.375

例 11 - 3　某一检测系统有一个 D/A 转换器,若系统要求该 D/A 转换器的精度小于 0.2%,试问应选多少位的 D/A 转换器?

解　本题要求该 D/A 转换器的精度小于 0.2%,是指 D/A 转换器的实际输出值与理论值之间的误差,即绝对精度,该参数一般应低于 $\frac{1}{2}$LSB,所以其分辨率应小于 0.4%。八位 D/A 转换器的分辨率为 $\frac{1}{2^8-1} \times 100\% \approx 0.39\%$,故所选择的 D/A 转换器的位数应为 8 位或多于 8 位。

例 11 - 4　某一 D/A 转换器如例 11 - 4 图(a)所示,图中 $Q_i = 1$ 时,相应的模拟开关 S_i 在位置 1;$Q_i = 0$ 时,相应的开关在位置 0。

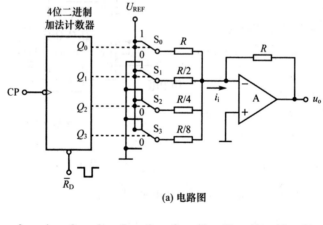

(a) 电路图

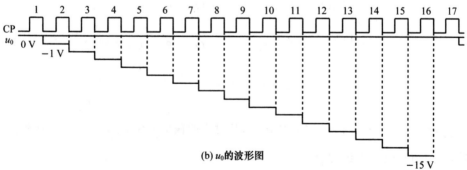

(b) u_0 的波形图

例 11 - 4 图

① 该电路是哪一种 D/A 转换器?

② 求输出电压 u_o 与数字量 $Q_3Q_2Q_1Q_0$ 之间的关系式。

③ 若 $U_{REF}=1\ V$,求 $Q_3Q_2Q_1Q_0=\mathbf{0001}$ 和 $\mathbf{0111}$ 时的 u_o 值。

④ 画出计数器输入连续计数脉冲 CP 时的 u_o 波形,设计数器的初态为 $\mathbf{0}$。

解　① 该电路是权电阻 D/A 转换器。

② $u_o=-U_{REF}(2^3Q_3+2^2Q_2+2^1Q_1+2^0Q_0)$

③ 当 $U_{REF}=1\ V,Q_3Q_2Q_1Q_0=\mathbf{0001}$ 时,$u_o=-1\ V$;$Q_3Q_2Q_1Q_0=\mathbf{0111}$ 时,$u_o=-7\ V$。

④ 输入连续计数脉冲 CP 时,u_o 为一阶梯波,其波形如图(b)所示。

例 11-5　在例 11-5 图所示电路中,$D_3D_2D_1D_0$ 为输入信号。若 $D_i=\mathbf{1}$,则 S_i 接参考电压 U_{REF},若 $D_i=\mathbf{0}$,则 S_i 地。试问:

(1) 此电路是什么电路?

(2) 若 $U_{REF}=-8\ V$,分别求出 $D_3D_2D_1D_0=\mathbf{1001}$ 及 $\mathbf{1010}$ 时的 u_o 值。

解　(1) 例 11-5 图所示的电路是倒 T 形电阻网络 D/A 转换器。

(2) 当 $D_3D_2D_1D_0=\mathbf{1001}$ 时,$u_o=-\dfrac{8}{2^4}(1\times2^3+1\times2^0)=-4.5\ V$。

当 $D_3D_2D_1D_0=\mathbf{1010}$ 时,$u_o=-\dfrac{8}{2^4}(1\times2^3+1\times2^1)=-5\ V$

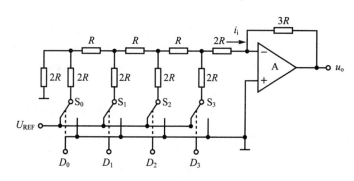

例 11-5 图

例 11-6　例 11-6 图所示是倒 T 形电阻网络 D/A 转换器。已知 $R=10\ k\Omega,U_{REF}=8\ V$,当某位数 $D_i=\mathbf{0}$ 时,对应的开关 S_i 接地;当 $D_i=\mathbf{1}$ 时,开关 S_i 接运放的反相端。试求:

① u_o 的输出范围;

② 当 $D_3D_2D_1D_0=\mathbf{0111}$ 时 u_o 的值。

解　① 由上图可解出输出电压 u_o 为

$$u_o=-\frac{U_{REF}}{2^4}\sum_{i=0}^{3}2_iD_i\quad(i=0,1,2,3)$$

当 $D_3D_2D_1D_0=\mathbf{1111}$ 时,u_o 的值为

$$u_o=-\frac{8}{2^4}\times15\ V=-7.5\ V$$

所以输出电压 u_o 的范围为 $0\sim7.5\ V$。

② 当 $D_3D_2D_1D_0=\mathbf{0111}$ 时,u_o 的值为

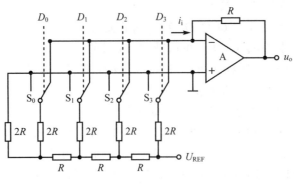

例 11-6 图

$$u_\mathrm{o} = -\frac{8}{2^4} \times 7 \text{ V} = -3.5 \text{ V}$$

例 11-7 如果要将一个最大幅值为 5.1 V 的模拟信号转换为数字信号,要求能分辨出 5 mV 输入信号的变化,试问应选用几位的 A/D 转换器。

解 由于 $5.1/5 = 1\,020 < 2^{10}$,因此可以选用十位的 A/D 转换器。

例 11-8 设量化单位 $\Delta = 1$ V,若输入模拟信号 $u_\mathrm{i} = 5.7$ V,试分析例 11-8 图(a)所示 3 位逐次渐近型 A/D 转换器的工作过程及输出结果。

解 由图(a)可见,该 A/D 转换器由比较器、D/A 转换器、节拍脉冲发生器及数码寄存器 等四部分组成。节拍脉冲发生器发出 5 个节拍脉冲,如图(b)所示,A/D 转换器的转换工作按 此节拍进行。设节拍脉冲发生器的初始状态为 $Q_A Q_B Q_C Q_D Q_E = \mathbf{10000}$,A/D 转换器的工作过 程如下:

当第 1 个 CP 脉冲到达时,FF_2 被置 $\mathbf{1}$,FF_1 和 FF_0 被置 $\mathbf{0}$,即 $Q_2 Q_1 Q_0 = \mathbf{100}$,于是 D/A 转 换器的输出 $u_\mathrm{o} = 4 - \dfrac{\Delta}{2} = 3.5$ V。由于 $u_\mathrm{i}'(=5.7 \text{ V}) > u_\mathrm{o}$,所以比较器的输出 $\mathrm{C_o} = \mathbf{0}$。同时,移 位寄存器右移一位,使 $Q_A Q_B Q_C Q_D Q_E = \mathbf{01000}$。

当第 2 个 CP 脉冲到达时,FF_1 被置 $\mathbf{1}$,FF_0 被置 $\mathbf{0}$,又因为原来的 $\mathrm{C_o} = \mathbf{0}$,故 FF_2 的状态保持 不变。所以 $Q_2 Q_1 Q_0 = \mathbf{110}$,D/A 转换器的输出电压 $u_\mathrm{o} = 6 - \dfrac{\Delta}{2} = 5.5$ V。由于 $u_\mathrm{i}'(=5.7 \text{ V}) > u_\mathrm{o}$,所以 $\mathrm{C_o} = \mathbf{0}$。同时,移位寄存器又右移一位,于是,$Q_A Q_B Q_C Q_D Q_E = \mathbf{00100}$。

第 3 个 CP 脉冲到达后 FF_0 被置 $\mathbf{1}$,由于原来的 $\mathrm{C_o} = \mathbf{0}$,所以 FF_2 和 FF_1 保持原来状态不 变,则 $Q_2 Q_1 Q_0 = \mathbf{111}$,D/A 转换器的输出 $u_\mathrm{o} = 7 - \dfrac{\Delta}{2} = 6.5$ V。由于 $u_\mathrm{i}'(=5.7 \text{ V}) < u_\mathrm{o}$,所以 $\mathrm{C_o} = \mathbf{1}$。移位寄存器再右移一位,于是 $Q_A Q_B Q_C Q_D Q_E = \mathbf{00010}$。

第 4 个 CP 脉冲到达后,由于原来的 $\mathrm{C_o} = \mathbf{1}$,所以 FF_0 的 $\mathbf{1}$ 状态不能保留,使 $Q_0 = \mathbf{0}$,而 FF_2、FF_1 的状态保持不变。此时 FF_2、FF_1、FF_0 的状态就是转换的结果,即 $Q_2 Q_1 Q_0 = \mathbf{110}$。 同样移位寄存器再右移一位,使 $Q_A Q_B Q_C Q_D Q_E = \mathbf{00001}$。由于 $Q_E = \mathbf{1}$,使 FF_2、FF_1、FF_0 的状 态($\mathbf{110}$)通过门 $\mathrm{G_A}$、$\mathrm{G_B}$、$\mathrm{G_C}$ 送到输出端。又由于 $Q_2 Q_1 Q_0 = \mathbf{110}$,所以 $u_\mathrm{o} = 5.5$ V,而 $u_\mathrm{i}' > u_\mathrm{o}$, 故 $\mathrm{C_o} = \mathbf{0}$。

第 5 个 CP 脉冲到达后,FF_2、FF_1、FF_0 的状态仍保持不变。同时,移位寄存器又右移一

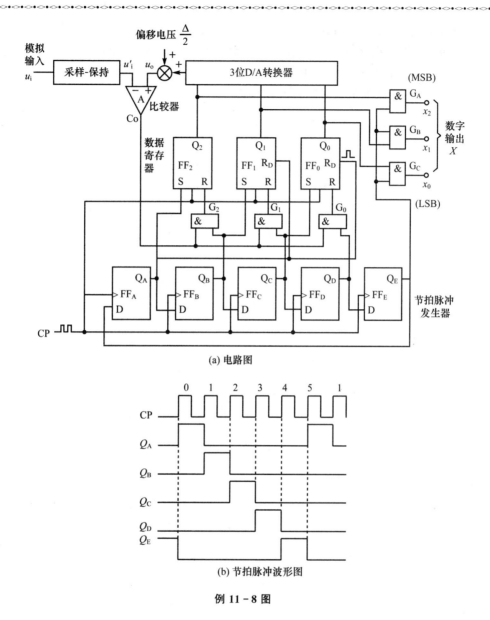

(a) 电路图

(b) 节拍脉冲波形图

例 11-8 图

位，$Q_A Q_B Q_C Q_D Q_E = 10000$，又返回到初态。由于 $Q_E = 0$，将门 G_A、G_B、G_C 封锁，转换输出信号 $x_2 x_1 x_0$ 随之消失，完成一次转换。

工作过程如表 11-8 所示。

表 11-8　例 7-5 的工作过程及输出结果

节拍次序	$Q_2 Q_1 Q_0$	u_o/V	$u_i \geqslant u_o$	Q_0 状态	下一拍 $Q_2 Q_1 Q_0$ 状态
1	1 0 0	3.5	$u_i' > u_o$	0	$Q_2 = 1$
2	1 1 0	5.5	$u_i' > u_o$	0	$Q_1 = 1$
3	1 1 1	6.5	$u_i' < u_o$	1	$Q_0 = 0$
4	1 1 0	5.5	$u_i' < u_o$	0	$Q_2 Q_1 Q_0 = 110$
5	1 1 0	5.5	$u_i' < u_o$	0	返回第一拍状态

最后输出数字量为 $X_2 X_1 X_0 = 110$。

例 11 - 9　已知双积分型 A/D 转换器中计数器是 8 位,时钟脉冲频率 $f_{CP} = 100 \text{ kHz}$,求完成一次转换所需的最长时间为多少?

解　$t = t_1 + t_2$,转换的最长时间为 $t_{\max} = 2t_1$

则

$$t_{\max} = 2t_1 = 2 \times 2^n T_C = 2 \times 2^8 \times \frac{1}{f_{CP}}$$

$$= \frac{2^9}{100 \times 10^3} \text{s} = \frac{512}{10^5} \text{s} = 0.005\ 12 \text{ s} = 5.12 \text{ ms}$$

第二部分

实验指导

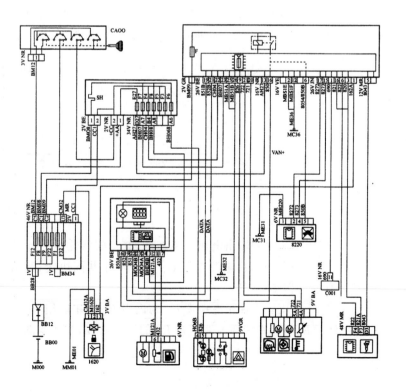

第 12 章　《电路分析》实验

实验 1　电路元件伏安特性的测量

一、实验目的

（1）熟悉万用表的使用方法。

（2）加深理解线性电阻的伏安特性与电流、电压的参考方向。

（3）加深理解非线性电阻元件的伏安特性。

（4）加深对理想电源、实际电源伏安特性的理解。

二、实验器材

万用表；直流电源；电阻；二极管；导线。

三、实验原理

（1）线性电阻是双向元件，其端电压 u 与其中的电流 i 成正比，即 $u=Ri$，其伏安特性是 $u-i$ 平面内通过坐标原点的一条直线，直线斜率为 R，如实验图 1-1 所示。

（2）非线性电阻（如二极管）是单向元件，其 u、i 的关系为 $i=I_s(e^{au}-1)$，其伏安特性是 $u-i$ 平面内过坐标原点的一条曲线，如实验图 1-2 所示。

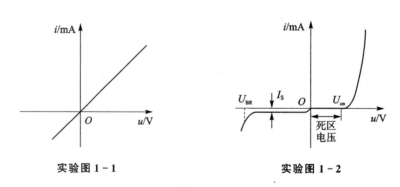

实验图 1-1　　　　　　　　　　　　　实验图 1-2

（3）理想电压源的输出电压是不变的，其伏安特性是平行于电流轴的直线，与流过它的电流无关。流过它的电流由电源电压 U_s 与外电路共同决定，其伏安特性为平行于电流轴的一条直线，如实验图 1-3 所示。

（4）实际电压源为理想电压源 U_s 与内阻 R_s 的串联组合。其端口电压与端口电流的关系为：$U=U_s-R_iI$，伏安特性为斜率是 R_s 的一条直线，如实验图 1-4 所示。

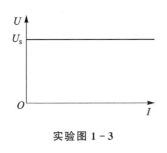

实验图 1-3

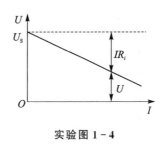

实验图 1-4

四、实验内容及步骤

1. 学习万用表的使用

用万用表测量线性电阻、直流电流和直流电压,测量电路如实验图 1-5 所示。

(1) 用直接法测电阻 $R_1 = 100\ \Omega$,$R_2 = 510\ \Omega$,$R_3 = 1\ 000\ \Omega$。

(2) 按实验图 1-5 接好电路,用万用表测量电压 U_s、U_1、U_2,电流 I、I_1、I_2。

(3) 用间接法求电阻 R_1、R_2、R_3、R(总)。

(4) 自制表格填入相关数据。

2. 测量线性电阻的伏安特性

(1) 按实验图 1-6 接线,检查无误后,接通电源。

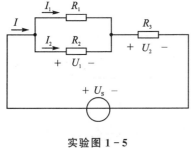

实验图 1-5

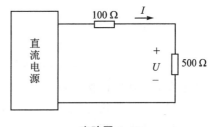

实验图 1-6

(2) 调节直流电源的输出电压,使 U 分别为实验表 1-1 所列数据,测量相应的 I 值填入表中。

(3) 画出线性电阻的伏安特性曲线。

实验表 1-1

U/V	2	4	6	8	10
I/mA					

3. 测量非线性电阻元件的伏安特性

(1) 按实验图 1-7 接好电路,检测无误后接通电源。

(2) 依次调节直流电源的电压为实验表 1-2 中 U_s 相应数据,分别测量对应的二极管电压 U 及流过二极管电流 I,填入实验表 1-2 中。

(3) 将二极管反接,重复步骤(2)。

(4) 画出二极管的伏安特性曲线。

实验表 1－2

U_s/V	6	7	8	9	10
U/V					
I/mA					
$U_反/V$					
$I_反/mA$					

4. 测量理想电压源的伏安特性

(1) 按实验图 1－8 接好电路,检查无误后接通电源,固定直流电源的输出电压 $U＝6$ V。

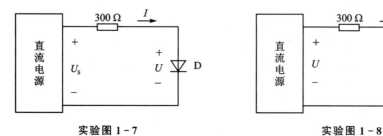

实验图 1－7　　　　　　　　　　实验图 1－8

(2) 调节可变电阻,使电流 I 分别为实验表 1－3 中数据,测量电压 U 分别填入表中。

(3) 画出理想电压源的伏安特性曲线。

实验表 1－3

I/mA	6.0	7.0	8.0	9.0	10.0
U/V					

5. 测量实际电压源的伏安特性

(1) 按实验图 1－9 接好电路,检查无误后接通电源,300 Ω 做电源内阻。

(2) 调节直流电源电压为 8 V,调节可变电阻使电路中电流 I 分别为实验表 1－4 中数据,测量相应电压 U。

(3) 画出实际电压源的伏安特性曲线。

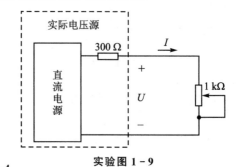

实验图 1－9

实验表 1－4

I/mA	6	7	8	9	10	11	12
U/V							

实验 2　电路基本定律及定理的验证

一、实验目的

(1) 通过对 KCL、KVL 的验证,加深对定律的理解。

（2）通过对戴维南定理、叠加定理的验证，加深对定理的理解和灵活应用。

（3）掌握实际测量中，电流、电压正负值的确定方法。

（4）明确实际测量中存在的误差，学会分析误差。

二、实验器材

万用表；直流电源；双向开关；电阻；导线。

三、实验原理

（1）基尔霍夫定律（KCL、KVL）：电路中的基本定律，适用于集总参数电路。

KCL：任一时刻，任一节点，组成该节点的所有支路电流的代数和恒为零，即 $\sum i = 0$。

KVL：任一时刻，任一回路，沿某绕行方向所有元件电压的代数和恒为零，即 $\sum u = 0$。

（2）叠加定理：适应线性电路中的电流、电压。

线性电路中含多个独立源时，任一支路的电流或电压是每个独立源单独作用时在该支路产生的电流或电压的代数和。电源单独作用是指：除该电源外，其他独立源取零，即电压源短路，电流源开路，受控源不变。

（3）戴维南定理：适应线性含源二端网络。

任一线性含源二端网络，对外电路而言，均可用一个电压源和一个电阻串联的组合来等效——戴维南等效电路。电压源的电压为含源二端网络的开路电压 U_{oc}，等效电阻为对应无源二端网络的等效电阻 R_o。

（4）误差分析：

测量值与真实值间的差异称误差。

差有两类：绝对误差＝＋测量值－真实值｜

　　　　　　相对误差＝（绝对误差/真实值）×100%

实际测量中，应利用合理测试手段使误差最小。

四、实验内容及步骤

实验电路图如实验图 2-1 所示。

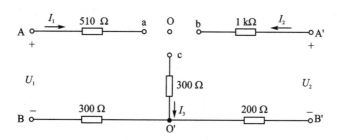

实验图 2-1

1. KCL、KVL 的验证

（1）调节两个直流电源，使一个为 8 V 作为 U_1 接入 AB 端，另一个为 4 V 作为 U_2 接入 A′B′两端。

（2）节点 O 处接通，测量 I_1、I_2、I_3 并填入实验表 2-1 中。

（3）用 AOO′B 回路，分别测电压 U_{AO}、$U_{OO'}$、$U_{O'B}$、U_{BA} 填入实验表 2-1 中。

（4）验证 KCL，应满足 $\sum I = I_1 + I_2 - I_3 = 0$；验证 KVL，应满足 $\sum U = U_{AO} + U_{OO'} + U_{O'B} + U_{BA} = 0$。

实验表 2-1

项　目	I_1/mA	I_2/mA	I_3/mA	U_{AO}/V	$U_{OO'}$/V	$U_{O'B}$/V	U_{BA}/V	$\sum I$	$\sum U$
测量值									
计算值									
相对误差									

2. 叠加定理的验证

（1）令 $U_1 = 8$ V，$U_2 = 4$ V 共同作用，测量 I_1、I_2、I_3，填入实验表 2-2 中。

（2）令 $U_1 = 8$ V 单独作用，A′B′ 处短路（用导线连接），测量相应的电流，填入实验表 2-2 中。

（3）令 $U_2 = 4$ V 单独作用，AB 处用导线连接，再测电流 I_1、I_2、I_3，填入实验表 2-2 中。

（4）验证叠加定理。

实验表 2-2

项　目	I_1/mA	I_2/mA	I_3/mA
$U_1 = 8$ V，$U_2 = 4$ V			
$U_1 = 8$ V，$U_2 = 0$ V			
$U_1 = 0$ V，$U_2 = 4$ V			
求 $\sum I$（验证叠加定理）			

3. 测定戴维南等效电路

（1）将端口 A′B′ 开路，则端口 A′B′ 的左边部分成为一含源二端网络。

（2）用万用表测量 A′B′ 端开路电压 $U_{A'B'}$，即戴维南等效电路的电源电压 U_{oc}。

（3）测戴维南等效电阻 R_o 有三种方法：

将 $U_1 = 8$ V 去掉，AB 短路，用万用表测出 A′B′ 两点间电阻即为等效电阻 R_o。

不去掉 $U_1 = 8$ V，令 A′B′ 短路，测短路电流 I_{sc}，则等效电阻 $R_o = U_{oc}/I_{sc}$。

不去掉 $U_1 = 8$ V，端口 A′B′ 接一个 500 Ω 电阻 R'，测其两端电压 U'，则 $R_o = \left(\dfrac{U_{oc}}{U'} - 1\right) R'$。

（4）根据测量所得 U_{oc} 和 R_o 的值，画出戴维南等效电路。

实验 3　动态电路过渡过程的验证

一、实验目的

（1）加深对一阶电路、二阶电路过渡过程的规律、波形特点的认识。

（2）理解电路参数的改变对过渡过程的影响。

二、实验器材

函数发生器；双踪示波器；电阻；电感；电容；开关。

三、实验原理

RC、RL、RLC 串联电路中，接通和断开电源时，储能元件的储能发生变化，电路从一种状态到另一种状态，这一过程称为过渡过程。

1. 一阶电路的过渡过程（以 RC 电路为例）

如实验图 3-1 所示，开关 K 由 2→1，电容充电，电路发生零状态响应，满足

$$u_C + R_i = U_s$$

开关由 1→2，电容放电，电路发生零输入响应，满足

$$u_C + R_i = 0$$

解微分方程得到：

电容充电（零状态响应）：$u_C(t) = u_C(\infty)(1 - e^{-\frac{t}{\tau}})$；

电容放电（零输入响应）：$u_C(t) = u_C(0_+) e^{-\frac{t}{\tau}}$。

可见，无论电容充电或者放电，u_C 均按照指数规律变化，变化快慢与 τ 有关，$\tau = RC$ 为电路的时间常数，反映过渡过程的快慢。

2. 二阶动态电路的过渡过程（以 RLC 串联电路为例）

可分三种情况：

① 欠阻尼振荡状态；

② 临界阻尼非振荡状态；

③ 过阻尼非振荡状态。

四、实验内容及步骤

1. 观察一阶电路的响应波形

（1）按实验图 3-2 接好电路，电源为方波，调方波电压的幅度 $U_s = 5$ V，频率 $f = 2$ kHz，电容 $C = 0.001\ \mu$F，电阻 $R = 10$ kΩ。

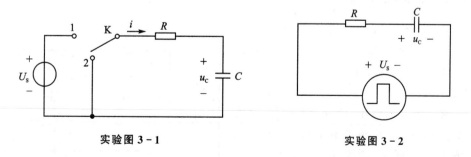

实验图 3-1   实验图 3-2

（2）将方波电压接入电路，用示波器 Y_1 通道观察方波电压，使屏幕上显示稳定的方波电压波形。

（3）将示波器 Y_2 通道接电容 C 两端，观察响应波形（即电容端电压 u_C 的波形）并记录。

（4）改变 R 或 C 的值，即改变时间常数 τ，观察并记录 u_C 的波形。

（5）利用示波器上显示的 u_C 的波形，近似估算出时间常数 τ 的数值，与理论计算值（$\tau = RC$）进行比较。

（6）根据以上测试结果，画出电容 C 的充、放电曲线，对照曲线进一步明确零输入响应、零状态响应的物理意义。

2. 观察二阶电路的响应波形

（1）按实验图 3-3 接好电路，电源仍为方波电压，取 $f = 2 \text{ kHz}$，幅度 $U_s = 5 \text{ V}$，$R = 5 \text{ k}\Omega$，$C = 0.001 \ \mu\text{F}$，$L = 180 \text{ mH}$，可变电阻为 47 kΩ 或 4.7 kΩ。

（2）将电源电压接入电路，用示波器 Y_1 通道观察电源电压，使屏幕上显示稳定的方波电压波形。

（3）用示波器 Y_2 通道接电容 C 两端，调节可变电阻，使示波器上分别显示三种不同状态的响应波形（即电容端电压 u_C 的波形）并记录。

（4）用万用表测出临界状态可变电阻值，加 R 即临界阻值。

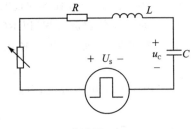

实验图 3-3

实验 4　单相正弦交流电路实验

一、实验目的

（1）加深对 R、L、C 元件在正弦交流电路中基本特征的认识。

（2）验证相量形式的 KCL、KVL 成立。

（3）验证有效值形式的 KVL、KCL 不成立。

（4）用示波器测量电容电压、电流的相位关系。

二、实验器材

函数发生器；万用表；交流电压表；交流电流表；电阻；电容；电感。

三、实验内容及步骤

（1）按实验图 4-1 接好电路，元件参考值为：$U_s = 4 \text{ V}$，$f = 1 \text{ kHz}$ 或 3 kHz，$R = 200 \ \Omega$，$R_1 = 1 \text{ k}\Omega$，$R_2 = 2 \text{ k}\Omega$，$C = 0.047 \ \mu\text{F}$，$L = 180 \text{ mH}$。

（2）调正弦电源电压，使 $f = 1 \text{ kHz}$，幅值 $U_s = 4 \text{ V}$，测量电压、电流的有效值，或求电流的有效值 I，将数据填入实验表 4-1 中。

（3）调 $f = 3 \text{ kHz}$，幅值 $U_s = 4 \text{ V}$，重复步骤（2）。

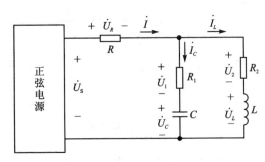

实验图 4-1

实验表 4-1

被测量 频 率	U_R/V	U_1/V	U_2/V	U_L/V	U_C/V	I/mA	I_L/mA	I_c/mA
$f=1\ kHz$								
$f=3\ kHz$								

（4）验证有效值形式的 KVL,KCL 不成立,即:$I \neq I_C + I_L$;$U_S \neq U_R + U_C + U_1$;$U_C + U_1 \neq U_L + U_2$。

（5）用双踪示波器测相位差:理论上电容电压 u_C 滞后电流 i_C 90°。测量方法如下:

① 将电容电压 u_C 输入到示波器的 Y_1 通道,调整 Y_1 通道的挡值,使电压 u_C 的波形能清晰地显示出来;

② 因电阻电压 u_1 与 i_C 同相,故将 u_1 输入到示波器的 Y_2 通道,调整其档值,使 u_1 的波形恰当地显示出来;

③ 将显示方式打在"断续"挡,调节水平 X 与垂直 Y_1、Y_2 位移,使两个信号图形位于 X 水平成对称的位置;

④ 计算一个周期波形在荧光屏上所占格数 X,算出每格代表的角度;

⑤ 测量两个波形之间相应两个点间的格数 x,则相位差 $\varphi = (360°/X)x$。

实验 5　RLC 串联电路的谐振实验

一、实验目的

（1）进一步了解 RLC 串联电路的频率响应。

（2）加深理解 RLC 串联电路的谐振特点。

（3）学会谐振频率及品质因数的测量方法。

（4）学会频率特性曲线的绘制。

二、实验器材

函数信号发生器;万用表;电流表;电阻;电容;电感。

三、实验原理

在实际应用中,谐振现象的存在有其可利用的方面也有其危害,所以要研究谐振的特性,做到利用它的优点,避免其不利。

（1）谐振条件:RCL 串联电路如实验图 5-1 所示。

（2）谐振频率:$w_0 = \sqrt{\dfrac{1}{LC}}$;$f_0 = \dfrac{1}{2\pi\sqrt{LC}}$。

（3）谐振曲线:如实验图 5-2 所示。

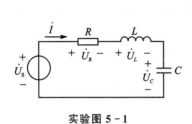

实验图 5 - 1

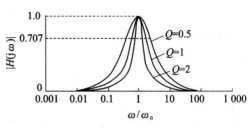

实验图 5 - 2

四、实验内容及步骤

(1) 用变频方法实现谐振：

① 按实验图 5 - 1 接好电路,固定参数 $U=3$ V,$R=100$ Ω,$L=180$ mH。

② 改变正弦电源频率,测电阻电压 U_R,电流 I,当 U_R、I 最大时对应的频率即为谐振频率 f_0。注意谐振点附近取点要密,测量结果填入实验表 5 - 1 中。

实验表 5 - 1

f/kHz	1.5	1.6	1.7	1.8	1.9	2.0	2.1	2.2	2.3
U_R/V									
I/mA									

③ 改变电源频率,测量电容电压 U_C,电感电压 U_L,$U_L=U_C$ 时对应的频率即 f_0。

(2) 保持参数 U、L、C 一定,改变电源频率,分别测 $R=100$ Ω 和 $R=1\,000$ Ω 时的谐振特性曲线($I\sim f$ 曲线)。

(3) 用示波器观察 f 分别为 $(1/2)f_0$、f_0、$(3/2)f_0$ 时端口电压 U、电流 I 的波形,说明 U、I 的相位关系及电路性质。

(4) 测量品质因数：测 $f=f_0$ 时的 U_{L0} 和 U_{C0},求出 $Q=U_{L0}/U$ 或 $Q=U_{C0}/U$。

(5) 作 $I\sim f$ 曲线。

第 13 章 《模拟电子技术》实验

实验 6　常用电子仪器的使用

一、实验目的

(1) 掌握常用电子仪器的使用方法。

(2) 了解模拟电子电路的测量方法。

二、实验仪器与器材

通用示波器；函数信号发生器；万用表；直流稳压电源；交流毫伏表。

三、实验原理

1. 电子示波器

(1) 内部结构及工作原理

电子示波器主要用于观察各种周期性的电压或电流波形，它是使用非常广泛的一种电子仪器。

通用示波器的结构包括垂直放大、水平放大、扫描、触发、示波管及电源 6 个主要部分，其结构方框图如实验图 6－1 所示。

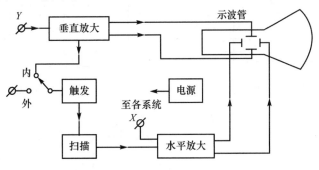

实验图 6－1

典型的示波器利用示波管（也称阴极射线示波管 CRT）作为显示器，CRT 是电子示波器的心脏。CRT 主要由电子枪、偏转系统和荧光屏三部分组成，它们都被密封在真空的玻璃壳内，基本结构示意图如图实验图 6－2 所示。电子枪由灯丝、阴极、栅极、阳极组成，电子枪产生的聚焦良好的高速电子束打在荧光屏上，使高速电子束在相应部位产生荧光。偏转系统包括 Y 轴偏转板和 X 轴偏转板，它们能将电子枪发射出来的电子束按照加于偏转板上的电压信号作出相应的偏转，改变电子束打到荧光屏上的位置。荧光屏是位于示波管顶端涂有荧光物质的透明玻璃屏，当电子枪发射出来的电子束轰击到屏上时，荧光屏被击中的点上会发光。当电子束按外加变化电压偏转时就能在荧光屏上绘出一定的波形。

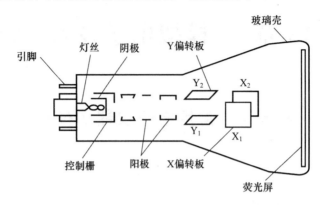

实验图 6-2

当 X、Y 偏转板上未加电压时,电子束对准屏幕中央打出一个亮点。当上、下偏转板为正电位时,光点上移;同理,当左、右 X 偏转板为正电位时,光点右移;若 X、Y 偏转板同时加正电位时,光点移向右上角处。即屏幕上光点的位置决定于 X、Y 两对偏转板上电场的合力。

若想观测一个随时间变化的信号,例如正弦信号 $f(t) = U_m \sin wt$,则只需把被观测的信号转变成电压加到 Y 偏转板上,电子束就会在 Y 方向按信号的规律变化。任一瞬间的偏转距离正比于该瞬间 Y 偏转板上的电压。但是,如果水平偏转板间没加电压,在荧光屏上只能看到一条垂直的直线,如实验图 6-3(a)所示。这是因为电子束在水平方向未受到偏转电场的作用。

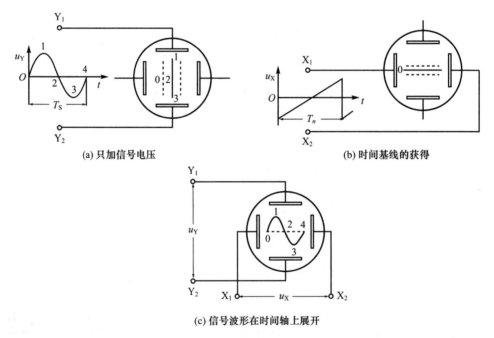

(a) 只加信号电压　　　　　　　　(b) 时间基线的获得

(c) 信号波形在时间轴上展开

实验图 6-3

若在 X 偏转板上加一个随时间线性变化的电压,即加一个锯齿波电压,那么光点在 X 方向的变化就反映了时间基线,如实验图 6-3(b)所示。当锯齿波电压达到最大值时,屏上光点亦达到最大偏转,然后锯齿波电压迅速返回到起始点,光点也迅速返回到最左端,再重复前面的变化。光点在锯齿波作用下扫动的过程称为扫描,能实现扫描的锯齿波电压叫做扫描电压,光点自左向右的连续扫动称为扫描正程,光点自屏的右端迅速返回起扫点成为扫描回程。

当 Y 轴加上被观测的信号,X 轴加上扫描电压时,则荧光屏上光点的 Y 和 X 坐标分别与这一瞬间的信号电压和扫描电压成正比。由于扫描电压与时间成比例,所以荧光屏上所描绘的就是被测信号随时间变化的波形,如实验图 6-3(c)所示。

当扫描电压的周期 T_n 是被观察信号周期 T_S 的整数倍时,扫描的后一个周期描绘的波形与前一周期完全一样,荧光屏上得到清晰而稳定的波形,叫做信号与扫描电压同步。实验图 6-4 所示为扫描电压与被测信号同步时的情况。图中,$T_n = 2T_S$,在时间轴上的 8 点处,扫描电压最大值回到 0,这时被测电压恰好经历了两个周期,荧光点沿 8→9→10 移动时重复上一扫描周期光点沿 0→1→2 移动的轨迹,得到稳定的波形。如果没有这种同步关系,则后一扫描周期描绘的图形与前一扫描周期的不重合,如实验图 6-5 所示。

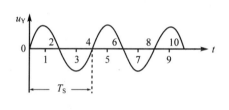 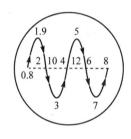 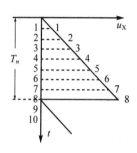

实验图 6-4

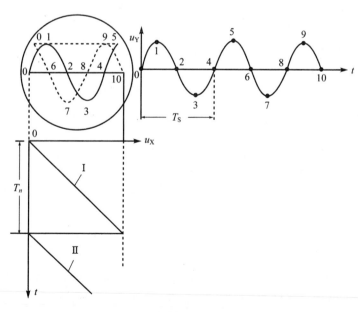

实验图 6-5

在实验图 6-5 中,$T_n = \dfrac{5}{4}T_S$,第 1 个扫描周期开始,光点沿 0→1→2→3→4→5 轨迹移动。当扫描结束时,光点迅速从 5 回到 0′,接着第 2 个扫描周期开始,光点沿 0′→6→7→8→

9→10 轨迹移动,即不与第一次扫描轨迹重合。这样,第一次看到的波形为实验图6-5中的实线,而第二次看到的则为虚线所示波形,这样就会感到波形在从右向左移动,也就是说,显示的波形不再是稳定的了。可见,保证扫描电压周期是被观察信号周期的整数倍,即保证同步关系非常重要。但实际上,扫描电压由示波器本身的时基电路产生,它与被测信号是不相关的,为此常利用被测信号产生一个同步触发信号去控制示波器时基电路中的扫描发生器,迫使它们同步。也可以用外加信号去产生同步触发信号,但这个外加信号的周期应与被测信号有一定的关系。

(2) 面板结构及各旋钮作用

实验图6-6所示为VD252型双踪示波器的面板结构。各旋钮的作用如下:

① POWER:电源开关,按下电源接通,弹出时关闭。

② INTENSITY:亮度控制,轨迹亮度调节。

③ FOCUS:聚焦控制,调节光点的清晰度,使其又圆又小。

④ SCALE ILLUM:刻度照明控制,在黑暗的环境或照明刻度线时调此按钮。

⑤ CH1 INPUT:通道1输入,被测信号的输入端口,当仪器工作在X-Y方式下,此输入端的信号变为X轴信号。

⑥ CH2 INPUT:通道2输入,但仪器工作在X-Y方式下,此输入端的信号变为Y轴信号。

⑦ AC-GND-DC:输入耦合开关,开关用于选择输入信号反馈至Y轴放大器之间的耦合方式。

● AC:输入信号通过电容器与垂直轴放大器连接,输入信号的DC成分被截止,且只有AC成分显示。

● GND:垂直放大器的输入接地。

● DC:输入信号直接连接到垂直轴放大器,包括DC和AC成分。

⑧ 同⑦。

⑨ VOLTS/DIV:选择开关,CH1和CH2通道灵敏度调节,当10∶1的探头与仪器组合使用,读数倍×10。

⑩ 同⑨。

⑪ VAR PULL×5:微调扩展控制开关。当旋转此旋钮时,可小范围改变垂直偏转灵敏度;当逆时针旋转到底时,其变化范围应大于2.5倍,通常将此旋钮顺时针旋到底;当旋钮位于PULL位置时(拉出状态),垂直轴的增益扩展5倍,且最大灵敏度为1 mV/DIV。

⑫ 同⑪。

⑬ UNCAL:衰减不校正灯,灯灭表示微调旋钮未处在校准位置。

⑭ 同⑬。

⑮ POSITION PULL DC OFFSET 旋钮:此旋钮用于垂直方向位置的调整。当旋钮拉出时,垂直的轨迹调节范围可通过DC偏置功能扩展,可测量大幅度的波形。

⑯ POSITION PULL INVERT 旋钮:其位移功能与CH1相同,但当旋钮处于PULL位置时(拉出状态),可用来测量CH2上输入信号的极性。此控制键可方便地用于比较不同极性的两个波形,利用ADD功能键还可获得(CH1-CH2)的信号差。

⑰ MODE:工作方式选择开关,此开关用于选择垂直偏置系统的工作方式。CH1:只有加

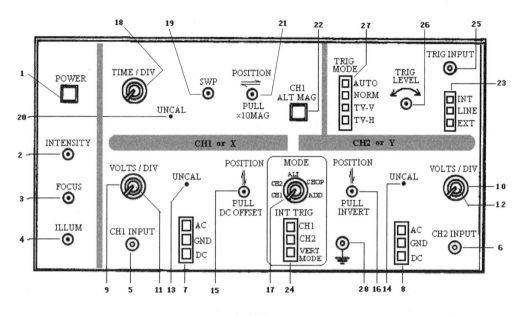

实验图 6－6

到 CH1 的信号出现在屏幕上。CH2：只有加到 CH2 的信号出现在屏幕上。ALT：加到 CH1 和 CH2 通道的信号交替出现在屏幕上，这种工作方式通常用于观察加到两通道上信号频率较高的情况。CHOP：在此工作方式时，加到 CH1 和 CH2 的信号受 250 kHz 自激振荡电子开关的控制，同时显示在屏幕上。该方式用于观察通道信号频率较低的情况。ADD：加到 CH1 和 CH2 输入信号的代数和出现在屏幕上。

⑱ TIME/DIV：扫速选择开关，扫描时间为 16 挡，从 0.2 μs/div～0.2 s/div。X－Y：此位置用于使仪器工作在 X－Y 状态，在此位置时，X 轴的信号连接到 CH1 输入，Y 轴的信号加到 CH2 输入，并且偏转范围从 1 mV/div～5 V/div。

⑲ SWP：扫描微调控制，扫描因素可连续改变（当开关不在校正位置时）。当开关按箭头的方向顺时针旋转到底时，为校正状态，此时扫描时间由 TIME/DIV 开关准确读出。逆时针旋转到底，扫描时间可扩大 2.5 倍。

⑳ SWEEP UNCAL LAMP：扫描不校正灯，灯亮表示扫描因素不校正。

㉑ POSITION PULL×10MAG：控制旋钮，此按钮用于水平方向移动扫描线，在测量波形的时间时适用。当旋钮顺时针旋转，扫描线向右移动，逆时针左移，拉出此旋钮，扫描倍数为 10。

㉒ CH1 ALT MAG：通道 1 交替扩展开关，CH1 输入信号能以 1（常态）和×10（扩展）两种状态交替显示。

㉓ INT LINE EXT：触发源选择开关。INT（内）：取加到 CH1 和 CH2 上的输入信号为触发源。LINE（电源）：取电源信号为触发源。EXT（外）：取加到 TRIG INPUT 上的外接触发源信号为触发源，用于垂直方向上的特殊信号触发。

㉔ INT TRIG：内触发选择开关，此开关用来选择不同的内部触发源。CH1：取加到 CH1 上的输入信号为触发源。CH2：取加到 CH2 上的输入信号为触发源。组合方式 BRTODE 由于同时观察两个不同频率的波形，同步触发信号交替取自于 CH1 和 CH2。

㉕ TRIG INPUT：外触发输入连接器，输入端用于外接触发信号。

㉖ TRIG LEVEL：触发电平控制旋钮，通过调节此旋钮控制触发电平的起始点，且能控制触发极性。按进去(常用)是＋极性，拉出来是－极性。

㉗ TRIG MODE：触发方式选择开关。

- AUTO(自动)：仪器始终自动触发，并能显示扫描线。当有触发信号存在时，同正常的触发扫描，波形能稳定显示。该功能使用方便。
- NORM(常态)：只有当触发信号存在时，才能触发扫描。在没有信号和非同步状态情况下，没有扫描线。该工作方式适用于信号频率较低的情况(25 Hz 以下)。
- TV－V(电视场)：本方式能观察电视信号中的场信号波形。
- TV－H(电视行)：本方式能观察电视信号中的行信号波形。

㉘ GND：接地端，示波器的接地端。

(3) 面板操作说明

① 寻找扫描光迹点。在开机半分钟后，如仍找不到光点，可调节亮度旋钮，并按下"寻迹"板键，从中判断光点位置，然后适当调节垂直(↑↓)和水平(→←)移位旋钮，将光点移至荧光屏的中心位置。

② 为了能够显示稳定的波形，要掌握好示波器面板上的下列几个控制开关(或旋钮)的位置。

- "扫描速度"开关(t/div)——它的位置应根据被观察信号的周期(或频率)来确定。
- "触发源选择"开关(内、外)——通常为内触发。
- "内触发源选择"开关——通常置于常态(推进位置)。此时对单一从 Y_A 或 Y_B 输入的信号均能同步，仅在作双路同时显示时，为比较两个波形的相对位置，才将其置于拉出(拉 Y_B)位置，此时触发信号仅取自 Y_B，故仅对由 Y_B 输入的信号同步。
- "触发方式"开关——通常可先置于"自动"位置，以便找到扫描线或波形，如波形稳定情况较差，再置于"高频"或"常态"位置，但必须同时调节电平旋钮，使波形稳定。

③ 示波器有五种显示方式。属单踪显示有"Y_A"、"Y_B"、"$Y_A＋Y_B$"；属双踪显示有"交替"与"断续"。作双踪显示时，通常采用"交替"显示方式，仅当被观察信号频率很低时(如几十赫兹以下)，为了在一次扫描过程中同时显示两个波形，才采用"断续"显示方式。

④ 在测量波形的幅值时，应注意 Y 轴灵敏度"微调"旋钮置于"校准"位置(顺时针旋到底)。在测量波形周期时，应将扫描速率"微调"旋钮置于"校准"位置(顺时针旋到底)，扫描速率"扩展"旋钮置于"推进位置"。

2. 函数信号发生器

函数信号发生器又称测量用信号源，是电子测量系统不可缺少的重要设备。它可以产生不同频率的正弦信号、调幅信号、调频信号、以及各种频率的方波、三角波、锯齿波、正负脉冲信号等。输出信号电压幅度可通过输出幅度调节旋钮进行连续调节，并由幅度显示器读取电压值；输出信号电压频率可通过频率分档开关进行调节，并由频率计读取频率值。

函数信号发生器的信号输出端不允许短路。

3. 交流毫伏表

交流毫伏表只能在其工作频率范围内，用来测量正弦交流电压的有效值。

为了防止过载而损坏，测量前一般先把量程开关置于量程较大位置处，然后在测量中逐档减小到接近测量的量程。

接通电源后,先将输入端短接,进行调零。然后断开短路线,就可进行测量。

实验图 6-7 所示为 SX2172 型交流毫伏表的面板结构。各部分如下:

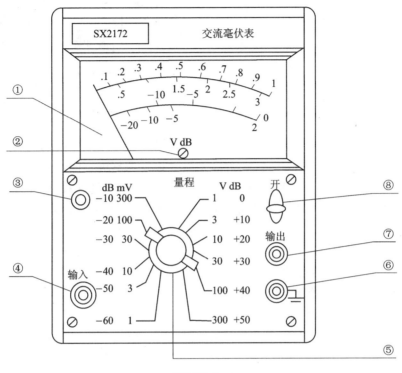

实验图 6-7

① 刻度盘。

② 机械零调节螺丝:用于机械调零。

③ 指示灯:当电源开关拨到"开"位置时,该指示灯亮。

④ 输入插座:被测信号电压输入端。

⑤ 量程选择旋钮:该旋钮用以选择仪表的满刻度值。

⑥ 接地端。

⑦ 输出端:SX2172 型交流毫伏表,不仅可以测量交流电压,还可以作为一个宽频带、低噪声、高增益的放大器。此时,信号由输入插座输入,由输出端和接地端间输出。

⑧ 电源开关。

4. 利用万用表测试半导体二极管

(1) 鉴别正负极性

万用表及其欧姆挡的内部等效电路如实验图 6-8 所示。图中 E 为表内电源,r 为等效内阻,I 为被测回路中的实际电流。由图可见,黑表笔接表内电源正极端,红表笔接表内电源的负极端。将万用表欧姆挡的量程拨到 $R \times 100$ 或 $R \times 1$ k 挡,并将两表笔分别接到二极管的两端,如实验图 6-9 所示,即红表笔接二极管的负极,而黑表笔接二极管的正极,则二极管处于正向偏置状态,因此呈现出低电阻,此时万用表指示的电阻通常小于几 kΩ。反之,若将红表笔接二极管的正极,而黑表笔接二极管的负极,则二极管被反向偏置,此时万用表指示的电阻值将达几百 kΩ。

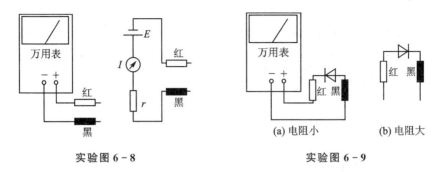

实验图 6 – 8　　　　　　　　　　　实验图 6 – 9

（2）测试性能

将万用表的黑表笔接二极管的正极,红表笔接二极管的负极,可测得二极管的正向电阻,此电阻一般在几 kΩ 以下为好(通常要求二极管的正向电阻越小越好)。将红表笔接二极管正极,黑表笔接二极管的负极,可测出反向电阻。一般要求二极管的反向电阻应大于 200 kΩ 以上。

若反向电阻太小,则二极管失去单向导电作用。如果正、反向电阻都无穷大,表明管子已断路;反之,二者都为零,表明管子短路。

5. 利用万用表测试小功率晶体三极管

（1）判定基极和管子的类型

由于基极与发射极、基极与集电极之间,分别是一个 PN 结,而 PN 结的反向电阻值很大,正向电阻很少,因此,可用万用表的 $R×100$ 挡或 $R×1$ k 挡进行测试。先将黑表笔接晶体管的一极,然后将红表笔先后接其余的两个极。若两次测得的电阻都很小,则黑表笔接的是 NPN 型管子的基极,如实验图 6 – 10 所示;若两次测得的阻值一大一小,则黑表笔所接的电极不是三极管的基极,应另接一个电极重新测量,以便确定管子的基极;将红表笔接晶体三极管的某一极,黑表笔先后接其余的两个极,若两次测得的电阻都很小,则红表笔接的电极为 PNP 型管子的基极。

（2）判断集电极和发射极

判断集电极和发射极的基本原理是把三极管接成基本单管共射放大电路,利用测量管子的电流放大系数 β 值的大小来判定集电极和发射极。以 NPN 型为例,如实验图 6 – 11 所示。基极确定以后,用万用表两表笔接另外两个电极,用 100 kΩ 的电阻一端接基极,一端接黑表笔,若电表指针偏转较大,则黑表笔所接的一端是集电极,红表笔接的是发射极。

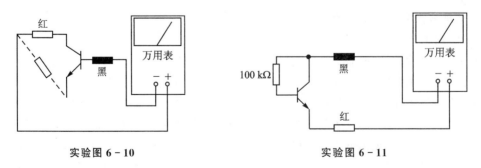

实验图 6 – 10　　　　　　　　　　　实验图 6 – 11

也可用手捏住基极与黑表笔(不能使两者相碰),以人体电阻代替 100 kΩ 电阻的作用;或两表笔分别接两极。用舌尖舔基极,若电表指针偏转较大,则黑表笔接的是集电极,红表笔的是发射极。

(3) 测试性能

以 NPN 型管子为例。用万用表的黑表笔接管子的基极,红表笔接另外两极,测得的电阻都很小;用红表笔接基极,黑表笔接另外两极,测得的电阻都很大,则此三极管是好的,否则就是坏的。

PNP 型管子的判别方法与 NPN 型管子相同,但极性相反。

实验 7　晶体管单管放大器

一、实验目的

(1) 熟悉电子元器件和模拟电路实验仪。
(2) 学会放大器静态工作点的调试方法。
(3) 分析电路参数的变化对放大器静态工作点、电压放大倍数及输出波形的影响。
(4) 掌握放大器电压放大倍数、输入电阻、输出电阻及最大不失真输出电压的测量方法。

二、实验仪器及设备

(1) 示波器、万用表;
(2) 模拟电路实验仪及"单管放大电路"实验模板。

三、实验原理

实验电路如实验图 7-1 所示。

它的偏置电路采用 R_P 和 R_{b1} 组成的分压电路。在放大器的输入端加上输入信号以后,在放大器的输出端便可得到幅值被放大了的相位相反的输出信号。

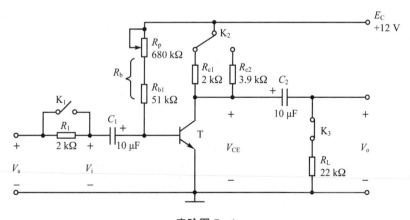

实验图 7-1

静态工作点 $$V_{CEQ} = E_C - I_{CQ} \cdot R_C$$

$$I_{BQ} = \frac{E_C - V_{BEQ}}{R_b} = \frac{I_{CQ}}{\beta}$$

动态参数:电压放大倍数　　　　$$A_u = \frac{V_o}{V_i} = \frac{-\beta R'_L}{r_{be}}$$

其中　　　　　　　　　　$$r_{be} = 300 + (1+\beta)\frac{26}{I_E}R'_L = R_C \mathbin{/\mkern-5mu/} R_L$$

输入电阻　　　　　　　　　　$$r_i = R_b \mathbin{/\mkern-5mu/} r_{be}$$

输出电阻　　　　　　　　　　$$r_o \approx R_C$$

放大器输入电阻测试方法如下:

当开关 K_1 断开(R_1 接入)时,测得 V_S 和 V_i,即可计算输入电阻

$$r_i = \frac{V_i}{V_S - V_i} \cdot R_1$$

输出电阻可用下式计算

$$r_o = \left(\frac{V'_o}{V_o} - 1\right)R_L$$

其中,V'_o 为 R_L 未接入时($R_L = \infty$ 时)的输出电压,V_o 为接入负载电阻后的输出电压。

四、实验内容及步骤

按图用连线在实验模板上连接好电路,将电位器 R_p 的阻值调到最大,检查连线无误后接通电源。

1. 静态工作点测试

调整 R_p 为某一值使 $V_{CEQ} = 6$ V,测量 V_{BEQ} 和 R_b 的值并填入实验表 7-1 中。(静态电流 I_{CQ}、I_{BQ} 可通过计算求得)。

实验表 7-1

实测结果			实测计算	
V_{BEQ}/V	V_{CEQ}/V	$R_b/k\Omega$	$I_{BQ}/\mu A$	I_{CQ}/mA
	6			

2. 放大倍数测试

(1)在函数信号发生器上选择正弦波电压,且调其频率 $f = 1$ kHz,幅值为 5 mV,接到放大器的输入端(V_i 处),用示波器观察输入电压 V_i 和输出电压 V_o 的波形,并比较两者的相位关系。

(2)输入信号频率不变,逐渐加大输入信号幅度,在负载电阻 $R_L = \infty$(空载)时,用示波器观察 V_o 不失真时的最大值,并填实验表 7-2。

实验表 7-2

观察结果		计算电压放大倍数	估算电压放大倍数
V_i/mV	V_o/V	A_u	A_u

（3）观察 R_b、R_c、R_L 对放大电路静态工作点、电压放大倍数及输出波形的影响。

输入正弦电压信号 $V_i=5\ \text{mV}$，$f=1\ \text{kHz}$，按实验表 7-3 中所列项目要求，测量并记录数据，画出 V_o 波形。

实验表 7-3

给定条件			测量结果				由测量值计算		
			V_{CEQ}	V_{BEQ}	V_O	输出波形图	I_{CQ}	I_{BQ}	A_u
R_b	合适值	$R_C=2\ \text{k}\Omega$ $R_L=\infty$							
	最小								
	最大								
R_c	3.9 kΩ	R_b 为合适值 $R_L=\infty$							
R_L	2.7 kΩ	R_b 为合适值 $R_C=2\ \text{k}\Omega$							

3. 观察波形失真情况，测量静态工作点电压 V_{CEQ}、V_{BEQ}

输入正弦波电压信号 $V_i=10\ \text{mV}$，$f=1\ \text{kHz}$，调节 R_p，使 R_b 增大或减小，观察波形失真情况，测量并填入实验表 7-4 中（若失真观察不明显，可改变 V_i 重测）。

实验表 7-4

R_p 值	V_{BEQ}	V_{CEQ}	波形输出
增大			
适中			
改小			

4. 测量放大器的输入、输出电阻

（1）测量输入电阻 r_i

在输入端串接一个 4.7 kΩ 的电阻，如实验图 7-2 所示，按前述输入电阻的计算方法，即可计算出输入电阻 r_i。

（2）测量输出电阻 r_o

在输出端接入负载电阻 $R_L=2.7\ \text{k}\Omega$，如实验图 7-3 所示，在输出电压 V_o 不失真的情况下，测负载与空载时的输出电压 V_o 的值，按上述输出电阻的计算方法，即可求输出电阻 r_o。

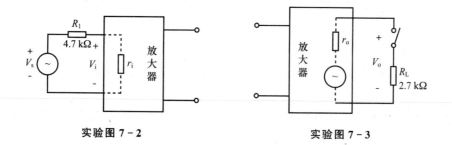

实验图 7-2   实验图 7-3

实验 8　两级放大电路及放大电路中的负反馈

一、实验目的

(1) 学习二级放大电路静态工作点的调试方法。
(2) 学习二级阻容耦合放大电路特性的测量方法。
(3) 加深对负反馈放大电路工作原理的理解。
(4) 熟悉负反馈放大电路性能的测量和调试方法。

二、实验仪器及设备

双踪示波器;万用表;函数信号发生器/计数器、模拟电子技术实验仪及"两级放大电路"实验模板。

三、实验原理

(1) 实验电路如实验图 8-1 所示。

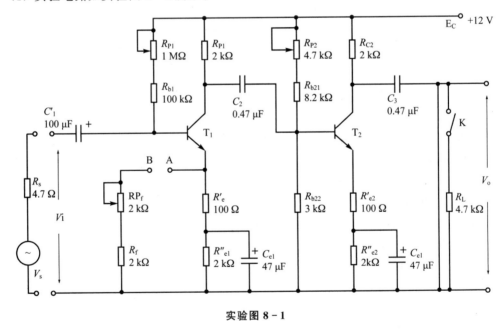

实验图 8-1

(2) 工作原理

① 断开反馈支路的 A、B 端,并将 B 端接地,电路成为基本放大电路(此处考虑了反馈网络的负载效应)。

② 若 A 接 B,电路成为电压串联负反馈电路。负反馈放大器放大倍数的一般表达式为

$$A_f = \frac{A}{1+AF}$$

其中,A 为开环放大倍数,A_f 为闭环放大倍数,F 为反馈系数,$1+AF$ 为反馈深度。若

A_m 代表中频开环放大倍数,且放大电路在高频率段和低频率段都只有一个 RC 环节起作用,则加负反馈后,放大电路的上限截止频率和下限截止频率分别为

$$f_{hf} = f_h(1 + A_m F)$$
$$f_{Lf} = f_L(1 + A_m F)$$

其中,f_h 和 f_L 分别是不加负反馈时的上、下限频率。此外,加上负反馈后还可得到输入电阻 r_{if} 和输出电阻 r_{of},其表达式为

$$r_{if} = r_i(1 + A_m F)$$
$$r_{of} = r_o / (1 + A_m F)$$

其中,r_i 和 r_o 分别是不加负反馈时的输入、输出电阻。

四、实验内容及步骤

(1) 按实验图 8-1 在实验模板上连接好电路,检查连线无误后接通电源。

(2) 测量静态工作点

将输入端短路,并将 B 端接地,调节电位器 R_{p1} 使 $V_{E1} = 2$ V;调节 R_{p2},使 $V_{E2} = 2$ V。按实验表 8-1 中所列项目要求进行测量并记录数据。

实验表 8-1

测量项目	V_{BE1}/V	V_{E1}/V	V_{C1}/V	V_{BE2}/V	V_{E2}/V	V_{C2}/V
测量数值		2			2	

(3) 测量两级交流放大电路的频率特性

用示波器观察第一、第二级的输出电压波形有无失真。若有失真现象,则应调整静态工作点(调电位器 R_{p1} 和 R_{p2},应微调),或减小输入电压信号 V_i 幅度,使波形不失真为止。若输出波形有寄生振荡,应先消除。消除方法如下:信号发生器的输出线要尽量短,要用屏蔽线;三极管 T_1 或 T_2 的 b-c 极之间加 5~100 pF 的电容。

① 将放大器负载断开,先将输入信号频率调到 1 kHz,幅度调到使输出幅度最大而不失真。

② 保持输入信号幅度不变,由低到高改变频率,先大致观察在哪一个上限频率和下限频率时输出幅度下降,然后测量输出电压 V_o 的值,填入实验表 8-2 中。在特性平直部分可测几个点,在特性弯曲部分应多测几个点。

③ 接上负载,重复上述实验。

实验表 8-2

	f/Hz							
V_o	$R_L = \infty$							
	$R_L = 4.7$ kΩ							

(4) 测无级间反馈时两级放大电路的性能

① 测量电压放大倍数 A_{um}

加信号电压 $V_i = 5$ mV,$f = 1$ kHz,测量 V_o,算出 A_{um}。

② 测量输入电阻 r_i

接入 $R_S=4.7\ \text{k}\Omega$，加大信号源电压，使放大电路的输出电压与未接入 R_S 时相同，测量此时信号源电压 V_S，则可得到

$$r_i'=\frac{V_i}{V_S-V_i}\cdot R_S$$

式中，$r_i'=R_b/\!/r_i$，由此求得输入电阻 r_i。断开电源后测量 R_b（$R_b=R_{p1}+R_{b1}$）。

③ 测量输出电阻 r_o

使输入电压 $V_i=5\ \text{mV}$，$f=1\ \text{kHz}$，接入负载电阻 $R_L=4.7\ \text{k}\Omega$，测输出电压 V_o，则输出电阻为

$$r_o=\left(\frac{V_o'}{V_o}-1\right)\cdot R_L$$

其中，V_o' 是负载电阻 R_L 开路时的输出电压，V_o 是接入负载电阻后的输出电压。

④ 测量上限频率 f_h 及下限频率 f_L

去掉 R_S、R_L，输入适当幅值的信号，在 $f=1\ \text{kHz}$ 时使输出电压在示波器上显示出大小适度、基本不失真的正弦波。保持输入信号不变，提高信号频率，直至示波器上显示的波形幅度缩小到原来幅值的 70%，此时输入信号频率即为 f_h。同样，降低信号频率，示波器上显示的输出电压波形幅度下降到原来幅值的 70%，此时输入信号的频率即为 f_L。

将(1)~(4)测出的电压放大倍数 A_u、输入电阻 r_i、输出电阻 r_o、上限频率 f_h 和下限频率 f_L，各数据填入实验表 8-3 中的无反馈部分。

(5) 测反馈放大电路的性能

将 A 端和 B 端相接，电路成为电压串联负反馈放大电路，重复步骤 4 的(1)~(4)，将测得的各数据填入实验表 8-3 中的有反馈部分。

实验表 8-3

	测量数据					由测量数据计算		
无反馈	V_o'/mv	V_o/mv	V_S/mv	f_h/kHz	f_L/Hz	A_u	$r_i/\text{k}\Omega$	$r_o/\text{k}\Omega$
有负反馈	V_o'/mv	V_o/mv	V_S/mv	f_{hf}/kHz	f_{Lf}/Hz	A_{uf}	$r_{if}/\text{k}\Omega$	$r_{of}/\text{k}\Omega$

实验 9　比例、求和运算电路

一、实验目的

(1) 掌握运算放大器组成比例求和电路的特点、性能及输出电压与输入电压的函数关系。

(2) 学会上述电路的测试和分析方法。

二、实验仪器及设备

双踪示波器；万用表；模拟电路实验仪和比例、求和运算实验模板。

三、实验原理

集成运算放大器是具有高电压放大倍数的直接耦合多级放大电路。当外部接入不同的线形或非线形元件组成输入和负反馈电路时,可以实现各种特定的函数关系。

四、实验内容及步骤

对于比例、求和运算电路实验,在做实验前都应先进行以下两项工作:

一是按电路图接好线后,仔细检查,确保正确无误。

将各输入端接地,接通电源,用示波器观察是否出现自激振荡。若有自激振荡,则需更换集成运放电路。

二是注意调零。各输入端仍接地,调节调零电位器,使输出电压为零(用数字电压表 200 mV 档测量,输出电压绝对值不超过 0.5 mV)。

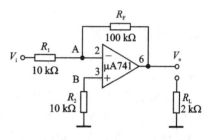

实验图 9 - 1 反相比例放大器

1. 反相比例放大器

实验电路如实验图 9 - 1 所示。

预习要求:

分析实验图 9 - 1 反相比例放大器的主要特点(包括反馈类型),求出实验表 9 - 1 和实验表 9 - 2 中的理论估算值(可参阅集成运放 μA741 的参数),并粗略估算输入电阻和输出电阻。

实验表 9 - 1

直流输入电压 V_i/mV		30	100	300	1 000
输出电压 V_o/mV	理论估算值				
	实测值				
	误 差				

实验表 9 - 2

	测试条件	理论估算值	实测值
ΔV_o	R_L 开路,直流输入信号 V_i 由 0 变为 800 mV		
ΔV_{AB}			
ΔV_{R2}			
ΔV_{R1}			
ΔV_{OL}	$V_i = 800$ mV R_L 由∞变为 2 kΩ		

实验步骤:

(1) 在实验模板上按实验图 9 - 1 连好线,并接上电源线,做实验表 9 - 1 中的内容。

将反相比例放大器的输入端接 DC 信号源,以此获得输入电压 V_i;将 DC 信号源的转换开关置于合适位置,调节电位器,使 V_i 分别为实验表 9 - 1 中所列各值,分别测出输出电压 V_o 的值,填在该表中。

(2) 做实验表 9-2 中的内容。

① 先将反相比例放大器的输入端接地,调整调零电位器,使 $V_o=0$,再分别测出 V_{AB}、V_{R2} 和 V_{R1} 的值。

② 将反相比例放大器的输入端接 DC 信号源,调整 DC 信号源,使 $V_i=800$ mV,分别测出 V_o、V_{AB}、V_{R2} 和 V_{R1} 的值,求出它们的变化量,填在实验表 9-2 中,并根据 ΔV_o、ΔV_{R1} 和 R_1,求出该反相比例放大器的输入电阻。

③ V_i 仍为 800 mV,在反相比例放大器的输出端接负载电阻 $R_L=2$ kΩ,测出 V_o 的值,求出 R_L 由开路变为 2 kΩ 时输出电压的变化量 ΔV_{oL},填在实验表 9-2 中,并估算出输出电阻。

2. 同相比例放大器

实验电路如实验图 9-2 所示。

预习要求:

(1) 分析实验图 9-2 同相比例放大器的主要特点(包括反馈类型),求出实验表 9-3 和实验表 9-4 中各理论估算值,并定性说明输入电阻和输出电阻的大小。

(2) 熟悉实验任务,自拟实验步骤,并做好实验记录准备工作。

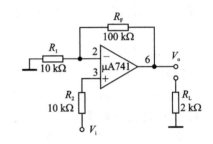

实验图 9-2　反相比例放大器

实验表 9-3

直流输入电压 V_i/mV		30	100	300	1 000
输出电压 V_o/mV	理论估算值/mV				
	实测值/mV				
	误　差				

实验表 9-4

	测试条件	理论估算值	实测值
ΔV_O	R_L 开路,直流输入信号 V_i 由 0 变为 800 mV		
ΔV_{R2}			
ΔV_{R1}			
ΔR_{OL}	$V_i=800$ mV R_L 由 ∞ 变为 2 kΩ		

实验步骤:

在实验模板上将反馈电阻 R_F 连接好,按实验表 9-3 和实验表 9-4 的要求,分别测出其中所列各实测值,并根据实测值估算输入电阻和输出电阻。

3. 电压跟随器

实验电路如实验图 9-3 所示。

预习要求:

（1）分析实验图 9-3 电路的特点，求出实验表 9-3 中各理论估算值。

（2）熟悉实验任务，自拟实验步骤，并做好实验记录等准备工作。

实验步骤：

在实验模板上，按实验图 9-3 和实验表 9-5 的要求连接好导线及电源线，分别测出实验表 9-5 中各条件下的 V_o 值。

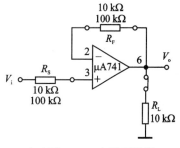

实验图 9-3 电压跟随器

实验表 9-5

V_i/mV		30	100	1 000			3 000		
测试条件		$R_S=10$ kΩ $R_F=10$ kΩ R_L 开路	同左	同左	$R_S=100$ kΩ $R_F=100$ kΩ R_L 开路	$R_S=100$ kΩ $R_F=100$ kΩ $R_L=10$ kΩ	同左	$R_S=100$ kΩ $R_F=10$ kΩ R_L 开路	$R_S=10$ kΩ $R_F=10$ kΩ R_L 开路
V_0	理论估算值								
	实测值								
	误差								

4. 反相求和电路

实验电路如实验图 9-4 所示。

实验步骤：

（1）分析实验图 9-4 反相求和电路的特性，并进行理论值估算。

（2）先将运放调零，然后按实验表 9-6 的内容进行实验测量，并与理论计算值比较。

实验表 9-6

V_{i1}/mV		300	−300
V_{i2}/mV		200	200
V_o/V	实测值		
	理论值		

5. 双端输入求和电路

实验电路如实验图 9-5 所示。

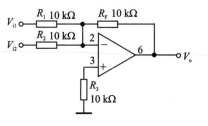

实验图 9-4

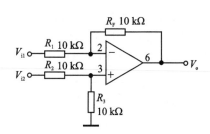

实验图 9-5 双端输入求和电路

实验步骤：

(1) 在实验模板上按实验图图 9-5 连接好线,并接上电源线,将运算放大器调零。

(2) 按实验表 9-7 要求测量并记录。

实验表 9-7

V_{i1}/mV	100	2 000	200
V_{i2}/mV	500	1 800	−200
V_0/V			

实验 10　积分、微分电路

一、实验目的

(1) 学会用运放、电容、电阻等构成积分、微分电路。

(2) 熟悉积分、微分电路的特点和性能。

二、实验仪器及设备

数字万用表;函数信号发生器/计数器;双踪示波器;模拟电路实验仪和微积分实验模板。

三、实验内容及步骤

1. 积分电路

实验电路如实验图 10-1 所示。

预习要求：

(1) 分析实验图 10-1,弄清下列问题：

① 设积分电路输入信号 V_i 的频率为 200 Hz、幅度为 ±6 V 的方波,分析下面两种情况下 V_o 的波形 (包括幅度)。

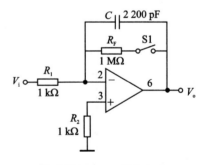

实验图 10-1　积分电路

　　a. $R_1 = R_2 = 100$ kΩ

　　b. R_1 和 R_2 均改为 1 kΩ。

② 分析该积分电路中电阻 R_F 的作用,试说明：

　　a. 若将电阻 R_F 开路,该积分电路能否正常积分?

　　b. 电阻 R_F 的阻值对积分精度有何影响?

　　c. 若积分输入电压 V_i 为正弦波,在稳态情况下 V_o 与 V_i 的相位差是多少? 哪个滞后? V_o 与 V_i 的相位差及它们的幅值比是否随频率变化而变化? 当输入信号的频率为 100 Hz,有效值为 1 V 时,V_o=?

(2) 熟悉实验任务自拟实验步骤,并做好实验记录准备工作。

实验步骤：

(1) 调零

在实验模板上按实验图 10-1 连好线,并接通电源线。

① 在进行积分运算之前,应先对运放调零,为便于调节,V_i 先接地,将图中 K_1 闭合(用导线连通)即通过 R_F 的负反馈作用容易实现调零。调零调好后。要将 K_1 断开,以免 R_F 的接入造成积分误差。

② 用数字电压表测 V_o,慢慢调整调零电位器,使 $V_o = 0$。

(2) 输入方波信号

① 将积分电路的输入端接频率为 200 Hz、幅度 ±6 V 的方波信号,用双踪示波器观察 V_o 和 V_i 的波形,记下它们的形状、周期、幅度等特征。

② 将积分电路中的电阻 R_1 和 R_2 都改为 1 kΩ,重做上面(1)中的实验内容。

(3) 输入正弦波

先将实验线路改动的部分恢复原状,(R_1 和 R_2 为 100 kΩ),然后:

① 将积分电路的输入端接频率为 160 Hz、有效值为 1 V 的正弦波,用双踪示波器观察 V_o 与 V_i 的波形及相位关系,并用数字万用表交流电压档测量输入电压的有效值。

② 改变正弦输入信号的频率(50~300 Hz),观察 V_o 与 V_i 的相位关系及 V_o 与 V_i 的幅值比是否变化。

2. 微分电路

实验电路如实验图 10 - 2 所示。图中的两个二极管起保护作用。

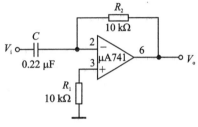

实验图 10 - 2　微分电路

实验 11　正弦波振荡电路实验

一、实验目的

(1) 学习双 T 网络 RC 振荡器组成原理及震荡条件。
(2) 学习振荡电路的调整与测量振荡频率的方法。

二、实验仪器及设备

XC4320 双踪示波器、500 型万用表;模拟电路实验仪和振荡器实验模板。

三、实验原理

RC 正弦波振荡器是没有输入信号的带选频网络的正反馈放大器,若用 RC 元件组成选频网络,就称为 RC 振荡器。

四、实验内容及步骤

(1) 实验图 11 - 1 所示为 RC 串并联选频网络振荡器,在实验模板上先不接入双 T 网络(A、B 与 C、D 处不连线)调 T_1 管静态工作点,使 D 点电位为 7~8 V。

(2) 将 A 与 B,C 与 D 连通、即接入双 T 网络后,用示波器观察输出电压波形。若不起振则调节电位器 R_{p1},使电路振荡并调到较理想的波形。

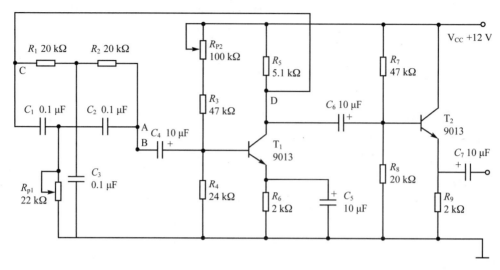

实验图 11-1

(3) 用示波器测量振荡频率并与计算值比较。

(4) 由小到大调节 R_{p1} 观察输出波形,并测量电路刚开始振荡时 R_{p1}(测量时应断开电源并断开连线)。

(5) 将实验图 11-1 中双 T 网络与放大器断开,用信号发生器的信号注入双 T 网络,观察输出波形。保持输入信号幅度不变,频率由低到高变化,找出输出信号幅值最低时的频率。

实验 12 LC 选频放大与 LC 正弦振荡实验

一、实验目的

(1) 掌握变压器反馈式 LC 正弦振荡器的原理,振荡条件,LC 选频放大器的选频特性。

(2) 掌握 LC 振荡器振荡频率的测试方法及计算方法。

二、实验仪器及设备

双踪示波器;数显毫伏表;函数信号发生器/计数器;模拟电路实验仪和实验模板。

三、实验内容及步骤

(1) 按照电路原理图在实验模板上将输入端 A 与 B 端相连,任选一个电容 C 与 12 V 电源相连,即可组成振荡器。

(2) 接上电源,用示波器观察波形,测试振荡频率。

(3) 改变 C 的数值,记下各个频率值。

(4) 振荡器的振荡频率由振荡回路的电感和电容决定。

按 $f_0 = \dfrac{1}{2\pi\sqrt{LC}}$,计算振荡频率并与实测值比较。

四、选频放大实验电路

实验图 12-1 所示为选频放大电路。

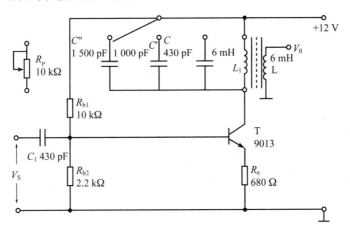

实验图 12-1

(1) 按上图接成选频放大器,V_s 为输入端,V_o 端为输出,取 $C=510$ pF。

(2) 将信号发生器接入 V_s,将毫伏表同时并入,调节信号发生器幅度旋钮,使输入为 220 mV,输出端接示波器,观察波形。

(3) 调节信号发生器频率粗调和细调旋钮,寻找使输出最大的频率点(本电路在 50 kHz 以上),将输出最大点的频率和输出电压记录在实验表 12-1 中,并按上下限两段频率,分别调整频率,测量电压,做选频特性曲线。

实验表 12-1

f/kHz									
V_o/V									

(4) 将电位器 R_P 串入 C,用以改变 L_1C 谐振回路的 Q 值,再按上面同样的方法进行测试作图。(使 R_P 分别为 60~70 Ω 和 8.2 kΩ 时做图)。

实验 13 整流、滤波及串联型直流稳压电源

一、实验目的

(1) 了解单相桥式整流电路的工作原理。

(2) 了解电容滤波电路的作用。

(3) 了解基本稳压管稳压电路的工作原理。

(4) 掌握串联型稳压电源的工作原理及技术指标的测试方法。

二、实验仪器及设备

直流电压表、直流毫安表;交流毫伏表;电子双踪示波器;100 W 单相调压器;模拟电路实

验仪及实验模板。

三、实验内容及步骤

1. 整流、滤波电路

整理电路就是利用二极管的单向导电性,将交流电变成单方向脉动直流电。实验图 13-1 所示为桥式整流电路原理图。

(1) 在实验模板上按照实验图 13-1 连好线,然后接通实验模板及实验仪电源。

(2) 接通电源后,用示波器观察整流前后的波形及任一个二极管两端的电压波形。

(3) 改变负载电阻 R_L 的值,观察电压 V_d 的变化(波形及电压值),描出外特性曲线(即 $I_d - V_d$ 曲线)。

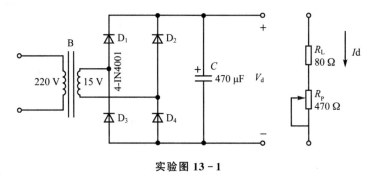

实验图 13-1

V_d 为输出端电压,I_d 为负载电流,其参考方向如图中所示。通过测量出负载 R_L 的值,计算可得

$$I_d = \frac{V_d}{R_L + R_P}$$

2. 基本稳压管稳压电路

实验图 13-2 所示为基本稳压管稳压电路。

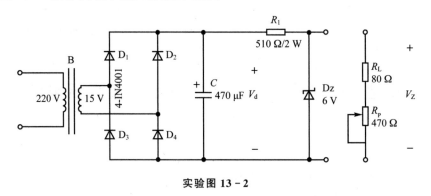

实验图 13-2

(1) 按照实验图 13-2 所示电路,在桥式整流电路的输出端连线,连成基本稳压管稳压电路。

(2) 用万用表测出稳压电路输出的电压值 V_d 和 V_Z。

(3) 接入负载电阻 R_L,并改变其阻值,用万用表测出 V_Z 的变化。

(4) 当 R_L 断开和 $R_L = 80\ \Omega$ 时,计算通过稳压管(2CW 型)的稳定电流值各为多少? 并检验是否满足稳压管的稳压条件。

(注意:① 稳定电流通过测量稳压电阻 R_1 可得。② 2CW:最大耗散功率为 0.5 W,最大工作电流为 83 mA,稳定电压为 5.8~6.2 V)

预习要求:

(1) 如果去掉滤波电容 C 和负载开路,直流电压等于多少?

(2) 如何选择二极管的反向耐压值及了解稳压管的稳压原理。

3. 串联型稳压电源

串联型稳压电源单相桥式整流、电容滤波电路,稳压部分为串联型稳压电路。它由调整管 T_1、T_2,比较放大器 T_4、R_1,取样带娜路 R_7、R_8、R_P,基准电压 R_5、D_Z 和过载保护电路 T_3 及电阻 R_3、R_4、R_6 等组成。

(1) 按照实验图 13-3 在实验模板上熟悉各元件的安装位置,连接线路,确定无误后方可通电。

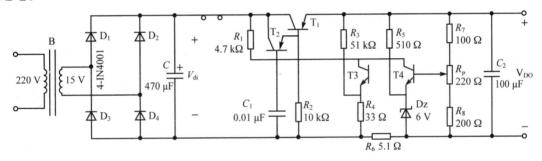

实验图 13-3

(2) 测量稳压电路输出电压 V_{DO} 的调节范围。

(3) 接负载电阻 R_L,调节电位器 R_P,观察输出电压是否可以随之改变,输出电压可调时,测量 V_{DO} 的最大值和最小值及对应的稳压电路的输入电压 V_{di} 和调整管 T_1 的管压降 V_{CE1},将测得的结果记入实验表 13-1 中。

实验表 13-1

	V_{di}/V	V_{DO}/V	V_{CE1}/V
R_P 左旋到头			
R_P 右旋到头			

(4) 测量稳压电路的外特性

将输入 220 V 电源用调压器调节,将调压器调至 220 V(实测值),空载时调 R_P 使 $V_{DO}=$ 10 V,然后接入负载电阻 R_L(负载电阻在整流输出后,由 510 Ω/2 W 电阻和 470 Ω/1 W 电位器组成)。改变负载电阻,测量相应的 V_{DO} 记入实验表 13-2 中。

实验表 13-2

V_{DO}/V						
$R_L/Ω$						
$I_L=U_{DO}/R_L$						

（5）测量稳压电源电压调整率 S_V 及电流调整率 S_I

a. 电压调整率 S_V 的测试

当负载不变而输入电压变化时，维持输出电压不变的能力叫电压调整率，一般用百分数表示。计算公式如下：

$$S_V = \frac{\Delta V_{DO}}{V_{DO}} \times 100\%$$

实验方法：使 $V_i = 220$ V，$V_{DO} = 12$ V，$I_L = 50$ mA，旋转调压器使 V_i 变化 $\pm 10\%$（198～242 V），测出相应的 V_{DO} 和 V_{di}，计算出电压调整率并填入实验表 13 - 3 中。

实验表 13 - 3

V_i/V	198	220	242
V_{DO}/V			
V_{di}/V			
$S_V = \dfrac{\Delta V_{DO}}{V_{DO}}$			

b. 电流调整率（负载调整率）S_I 的测试

当输入电压 V_i 保持不变而负载电流 I_o 在规定范围内变化时，输出电压相对变化的百分比叫做电流调整率。其表达式如下：

$$S_I = \frac{\Delta V_{DO}}{V_{DO}} \times 100\%$$

实验方法：负载电阻开路使 $I_o = 0$，此时稳压电源输出 $V_{DO} = 10$ V。改变负载电阻使 $I_L = 50$ mA 时测量输出电压，记入实验表 13 - 4 中。

实验表 13 - 4

I/mA	0	25	50
V_{DO}/V			
$S_V = \dfrac{\Delta V_{DO}}{V_{DO}}$			

（6）测量稳压电源输出纹波电压

使 $V_{DO} = 10$ V，$I_L = 50$ mA，用晶体管毫伏表测量稳压电源输出电压的交流分量有效值 V_{DO}。

（7）短路保护措施

将稳压电源输出端短路，测量实验表 13 - 5 中所列电压、电流值。

实验表 13 - 5

	V_{DI}/V	V_{DO}/V	R_L/Ω	$I_L = U_{DO}/R_L$	V_{E3}/V	V_{C3}/V	V_{CE3}/V	R_6/Ω	V_{CE1}/V
短路前									
短路后									

第 14 章　《数字电子技术》实验

实验 14　集成逻辑门参数测试

一、实验目的

(1) 熟悉实验环境,掌握常用实验仪器的使用。

(2) 理解集成逻辑门主要参数的含义并掌握测试方法。

(3) 熟悉常用 TTL 集成门电路和 CMOS 集成门电路的引脚排列和引脚功能。

二、实验仪器与器材

数字实验箱;双踪示波器;万用表;TTL 四 - 2 输入与非门 74LS00,CMOS 四 - 2 输入与非门 CC4011。

三、实验原理

门电路实际上是一种条件开关电路,由于门电路的输入信号、输出信号之间存在着一定的逻辑关系,所以又称为逻辑门电路。集成逻辑门是数字电路中应用广泛的最基本的一类器件。门电路的参数是标志其工作性能的数据指标,参数的大小将直接影响整个电路工作的可靠性。使用集成门电路时必须首先对它的逻辑功能、主要参数和特性曲线进行测试,以确定其性能好坏。

与非门的参数分为静态参数和动态参数两种。静态参数指电路处于稳定的逻辑状态下测得的参数,动态参数指逻辑状态转换过程中测得的与时间有关的参数。TTL 与非门主要参数如下:

① 扇出系数:电路正常工作时,能带动同型号门的数目叫扇出系数。

② 输出高电平 U_{OH}:一般情况 $U_{OH} \geqslant 2.4$ V。

③ 输出低电平 U_{OL}:一般情况 $U_{OL} \leqslant 0.4$ V。

④ 开门电平 U_{ON} 和关门电平 U_{OFF}:使输出电压 U_O 刚刚达到低电平 U_{OL} 时的最低输入电压称为开门电平 U_{ON}。使输出电压 U_O 刚刚达到高电平 U_{OH} 时的最高输入电压称为关门电平 U_{OFF}。

⑤ 电压传输特性:电压传输特性能够充分显示与非门的逻辑关系,当输入为低电平时,输出为高电平。当输入为高电平时,输出为低电平。在曲线上可以清楚地读出 U_{OH}、U_{OL}、U_{ON}、U_{OFF}。

⑥ 输入短路电流 I_{IS}:将与非门的一个输入端接地,其他输入端悬空时,流过该接地输入端的电流称为输入短路电流。

⑦ 空载导通功耗 P_{ON}:将与非门的输入端全部接高电平,输出为低电平且不带负载时的

功率损耗。

⑧ 空载截止功耗 P_{OFF}：将与非门的输入端接低电平，输出为高电平且不带负载时的功率损耗。

⑨ 输入漏电流 I_{ID}：将与非门的一个输入端接高电平，另一个输入端接低电平时，流过高电平输入端的电流。

⑩ 平均传输延迟时间 t_{pd}：t_{pd} 是一个交流参数。由于二极管、三极管开关状态的转换和负载电容、寄生电容的充放电都需要时间，从而使输出电压波形总比输入电压的波形滞后一定时间。因此造成传输延迟。

CMOS 电路的参数是对它本身特性的描述，这些参数应包括逻辑功能的正确与否，性能的优劣与可靠性。CMOS 参数的意义及测试方法与 TTL 电路参数的意义及测试方法基本相同，此处不再叙述。

四、实验内容与步骤

实验前首先观察数字实验箱的面板结构和布局，检查电源是否正常。然后选择实验用的集成电路，按要求插在实验箱的面板上。根据实验接线图接好连线，特别注意 V_{CC} 及地线不能接错，检查无误后再接通电源，进行实验。对于初学者来说，容易认错集成块的引脚，因此必须认真检查，如若发现集成块发热，应立即切断电源。发热的原因一般是反接了电源，或者输出端对地短路。

1. TTL 与非门参数的测试(74LS00)

(1) 低电平输入电流 I_{IL}

低电平输入电流又称输入短路电流(I_{IS})，是一个非常重要的参数，它反映了对前一级负载的大小，按实验图 14-1 连线，测得 $I_{IL}=$ _____ mA。

(2) 输入漏电流 I_{ID}

按实验图 14-2 连线，测得 $I_{ID}=$ _____ μA。

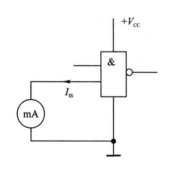 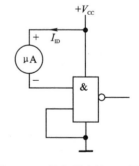

实验图 14-1　输入短路电流 I_{IS} 测试电路　　　实验图 14-2　输入漏电流 I_{ID} 测试电路

(3) 空载导通功耗 P_{ON}

$P_{ON}=I_{CCL}\times V_{CC}$，其中 I_{CCL} 为空载时电源导通电流，V_{CC} 为电源电压(+5 V)。按实验图 14-3 连线，测得 $I_{CCL}=$ _____ mA，算出 P_{ON} 的值。通常对与非门的要求是 $P_{ON}<50$ mW。

(4) 空载截止功耗 P_{OFF}

$P_{OFF}=I_{CCH}\times V_{CC}$，其中 I_{CCH} 为空载截止电流，V_{CC} 为电源电压(+5 V)。按实验图 14-4

连线,测得 $I_{CCH} = $ _____ mA,算出 P_{OFF} 的值。通常对与非门的要求是 $P_{OFF} < 25$ mW。

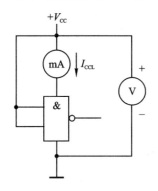
实验图 14-3 空载导通功耗 P_{ON} 测试方法

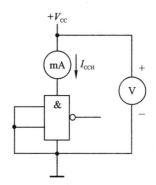
实验图 14-4 空载截止功耗 P_{OFF} 测试方法

(5)扇出系数 N_O

N_O 是指输出端可带动的最多同类门数,其意义是最大带负载能力。$N_O = \dfrac{I_{Omax}}{I_{IS}}$。$I_{Omax}$ 为 $U_{OL} \leqslant 0.35$ V 时准许灌入的最大灌入负载电流。按实验图 14-5 连线,调节 R_L(1 kΩ)值,使输出电压 $U_{OL} = 0.35$ V,测出此时的 $I_{Omax} = $ _____ mA,按公式算出 N_O 的值。

(6)电压传输特性

与非门输出电压随输入电压的变化曲线即为电压传输特性 $u_O = f(u_i)$,电压传输特性反映了与非门的逻辑关系,按实验图 14-6 连线,调节 R_w,使 u_i 从 0 V 至 2.5 V 变化,逐点测出 u_i 和 u_O,并将测试结果记录在实验表 14-1 中,画出特性曲线。

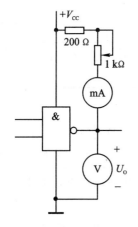
实验图 14-5 扇出系数 N_O 测试电路

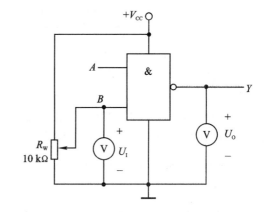
实验图 14-6 TTL 与非门电压传输特性测试电路

实验表 14-1 TTL 与非门电压传输特性

U_i/V	0.3	0.8	1.0	1.1	1.2	1.3	1.35	1.4	1.5	2.0	2.5
U_O/V											

(7)平均传输延迟时间 t_{pd}

TTL 与非门的动态参数主要指传输延迟时间。目前常用环形振荡器法测试 t_{pd},测试原理图如实验图 14-7 所示。假设每一个与非门的延迟时间都相等,3 个与非门构成的环形振荡器的周期为 $T=6t_{\text{pd}}$,则 $t_{\text{pd}}=\dfrac{T}{6}$,其中,周期 T 可用示波器或频率计测量。

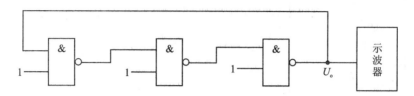

实验图 14-7　用环形振荡器测量 t_{pd}

2. CMOS 与非门参数测试(CC4011)

CMOS 器件的特性参数也有静态和动态之分,测试 CMOS 器件静态参数的电路与测量 TTL 器件静态参数的电路基本相同,只是要注意 CMOS 器件和 TTL 器件的使用规则不一样,对各引脚的处理要符合逻辑关系。另外,CMOS 器件的 I_{CCL}、I_{CCH} 的值非常小,仅为几微安,为保证输出开路的条件,输出端使用的测量表的内阻应该足够大。一般使用数字电表。

(1)电压传输特性

CMOS 与非门输出电压随输入电压的变化曲线即为电压传输特性,电压传输特性反映了 CMOS 与非门的逻辑关系。测试电路图与 TTL 与非门电压传输特性测试图基本一致(如实验图 14-6 所示),注意电源电压改为 V_{DD}。按实验表 14-2 测出 u_{i}、u_{o},并画出特性曲线。CMOS 与非门的输出高电平接近电源电压 V_{DD},输出低电平接近 0 V,CMOS 与非门的转换电压称为阈值电压 U_{T},$U_{\text{T}}=\dfrac{1}{2}V_{\text{DD}}$。

实验表 14-2　CMOS 与非门电压传输特性

U_{i}/V	2.0	4.0	5.0	5.5	5.8	6.0	6.2	6.5	7.0	8.0
U_{o}/V										

(2)平均传输延迟时间 t_{pd}

利用环形振荡器可测出 CMOS 与非门传输延迟时间,测试电路图与 TTL 与非门 t_{pd} 的测试图基本一致(如实验图 14-7 所示)。假设每一个与非门的延迟时间都相等,3 个与非门构成的环形振荡器的周期为 $T=6t_{\text{pd}}$,则 $t_{\text{pd}}=\dfrac{T}{6}$,其中,周期 T 可用示波器或频率计测量。

实验 15　集成逻辑门电路的功能测试及应用

一、实验目的

(1)掌握基本门电路逻辑功能测试方法。

(2)了解基本门电路在脉冲电路中的应用。

(3)掌握用与非门实现其他门电路的基本方法。

(4)熟悉集电极开路门(OC 门)和三态(TS 门)的功能及应用。

二、实验仪器与器材

数字实验箱;双踪示波器;万用表;集成电路 74LS00、74LS02、74LS04、74LS03、74LS125、CC4069(其外引线排列图可参阅附录 3),电阻。

三、实验原理

用于实现基本逻辑运算和复合逻辑运算的单元电路统称为门电路。常用的基本门电路按逻辑功能分为**与门**、**非门**、**与非门**、**或非门**、**与或非门**和**异或门**等几种,应用反演律可以实现只用与非门或只用或非门就能完成**与**、**或**、**非**、**异或**等逻辑运算。例如,用**与非门**实现**或门**电路,根据反演律及相应的逻辑代数运算公式,可以作如下转换

$$Y = A + B = \overline{\overline{A + B}} = \overline{\overline{A} \cdot \overline{B}} = \overline{\overline{AA} \cdot \overline{BB}}$$

由此,可以利用 3 个与非门来实现或门的逻辑功能,其电路实现如实验图 15-1(b)所示。

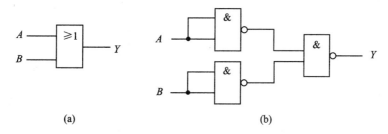

实验图 15-1 用与非门实现或门电路

逻辑门对数字信号有控制作用。控制的原理就是利用逻辑门的逻辑功能,在其中一个输入端加上控制信号(高电平 **1** 或低电平 **0**),由控制信号决定门电路的打开或关闭。当门电路处于打开状态时,数字信号被传输;当门电路处于关闭状态时,则数字信号无法通过(也称被封锁)。例如,如实验图 15-2 所示的二输入与非门,当 K 输入端接高电平时,输出反相脉冲波形;而当 K 接低电平时,信号不传输,输出为 **1**。

实验图 15-2 门电路对信号的传输控制作用

四、实验内容与步骤

1. 集成门电路的功能测试

(1)**或非门**

将四-2 输入**或非门** 74LS02 插到数字实验箱面板上的 14P 插座上,第 7 引脚、第 14 引脚分别接地和+5 V 电源。任取 74LS02 内的一个门,其输入端接逻辑开关 S_1、S_2,输出接 LED 状态显示,按实验表 15-1 验证 $Y = \overline{A + B}$。

(2)**与非门**

将四-2 输入**与非门** 74LS00 插到数字实验箱面板上的 14P 插座上,第 7 引脚、第 14 引脚

分别接地和＋5 V 电源。任取 74LS00 内的一个门,其输入端接逻辑开关 S_1、S_2,输出接 LED 状态显示,按实验表 15－2 验证 $Y=\overline{A \cdot B}$。

实验表 15－1

A	B	Y
0	0	
0	1	
1	0	
1	1	

实验表 15－2

A	B	Y
0	0	
0	1	
1	0	
1	1	

(3) 多余输入端的处理

将**与非门**的一个输入端 A 分别接地、接电源电压和悬空时,观察另一输入端 B 的输入信号分别为高电平和低电平时相应的输出端 Y_1 的状态,并记录于实验表 15－3 中。

将**或非门**的一个输入端 A 分别接地、接电源电压和悬空时,观察另一输入端 B 的输入信号分别为高电平和低电平时相应的输出端 Y_2 的状态,并记录于实验表 15－3 中。

实验表 15－3

A	B	与非门输出 Y_1	或非门输出 Y_2
接地	0		
	1		
接电源	0		
	1		
悬空	0		
	1		

(4) 用 1 片 74LS00 实现**或门**,用 74LS04 和 74LS00 实现**异或门**。写出逻辑变换表达式,画出逻辑电路图并进行验证。

2. 观察与非门对连续脉冲的控制作用

将与非门的一个输入端接 1 kHz 连续脉冲,另一输入端接逻辑开关 S。当逻辑开关 S 分别置 **1**、置 **0** 时,用双踪示波器观察输入、输出波形并记录于实验表 15－4 中。另外观察在逻辑开关 S 置 1 时输入输出波形之间的相位关系。

实验表 15－4

逻辑开关 S 的状态	输入连续脉冲波形	输出波形
0		
1		

3. 集电极开路门(OC 门)实验

(1) **集电极负载电阻 R_L 的确定**

本实验选用**与非门**(OC 门)74LS03 集成电路,将该集成电路芯片插入数字实验箱面板上的 14P 插座上,按实验图 15-4 接线。反相器选用 74LS04。负载电阻 R_L 用一只 200 Ω 电阻和 10 kΩ 电位器串联代替,用实验方法确定 R_{Lmax} 和 R_{Lmin} 的值并和理论计算值相比较,填入实验表 15-5 中。接通电源后,用逻辑开关改变 OC 门的输入状态。先使 OC 门"线与"后输出高电平,调节电位器 R_P 电阻到 $U_{OH}=2.8$ V,测得此时的 R_L 即为 R_{Lmax};再使 OC 门"线与"后输出低电平,调节 R_P 电阻到 $U_{OL}=0.35$ V,测得此时的 R_L 即为 R_{Lmin}。

实验表 15-5   负载电阻 R_L 的测定

R_L	实测值	理论值
R_{Lmax}		
R_{Lmin}		

(2)"线与"功能验证

按实验图 15-4 接线,将"线与"Q 端接 LED 发光二极管,拨动逻辑开关改变输入端 A、B 的逻辑电平,观察输出端 Q 的结果是否符合"线与"的逻辑关系,即

$$Q = \overline{A_1 B_1} \cdot \overline{A_2 B_2} \cdot \overline{A_3 B_3} \cdot \overline{A_4 B_4} \quad 或 \quad Q = \overline{A_1 B_1 + A_2 B_2 + A_3 B_3 + A_4 B_4}$$

(3)用 OC 门作 TTL 电路驱动 CMOS 电路的接口电路

按实验图 15-3 接线,实现 TTL 电路驱动 CMOS 电路的逻辑电平转换。图中 TTL 门电路用四-2 输入与非门 74LS00,OC 门为 74LS03,CMOS 电路为六反相器 CC4069。接通电源,在 A、B 输入端各置高电平 1,用万用表测量门电路输出端 Y_1、Y_2、Y_3 的电压。再将 B 输入端置低电平 0,用万用表测量 Y_1、Y_2、Y_3 的电压。把两次测得的结果填入实验表 15-6 中。

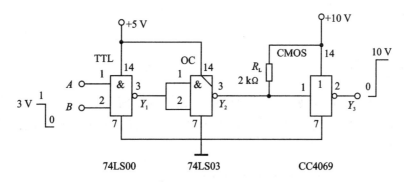

实验图 15-3   TTL 电路驱动 CMOS 接口电路实验原理图

实验表 15-6   接口电路逻辑电平实测数据表

输 入		Y_1/V	Y_2/V	Y_3/V
A	B			
1	1			
1	0			

4. 三态门的应用——多路信号采集

本实验选用三态四非门 74LS125 集成电路,当 $\overline{EN}=0$ 时,其逻辑关系 为 $Q=\overline{A}$;当 $\overline{EN}=$

1 时,输出为高阻态。按实验图 15-4 接线,三态门的三个输入端分别接地、高电平 1 和单次脉冲源,输出端并联在一起接 LED 发光二极管。首先把三个使能控制端分别接逻辑开关并全部置高电平 1,即处于禁止状态,这时方可接通电源。当三个使能端均为 1 时,用万用表测量 Q 端输出总线的逻辑状态。然后轮流使其中一个门的控制端接低电平 0,观察输出总线 Q 端的逻辑状态。注意,接使能端的逻辑开关绝对不允许有一个以上同时为 0,否则会造成与门输出相连。另外,操作中应该先使工作的三态门转换到禁止状态,再让另一个门开始传递数据。自拟表格并记录实验数据。

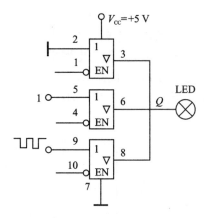

实验图 15-4　三态门实验用图

实验 16　组合逻辑电路

一、实验目的

(1) 熟悉组合逻辑电路的特点及一般分析设计方法。
(2) 掌握编码器、译码器、数据选择器和数码管的性能及应用。

二、实验仪器与器材

数字实验箱;74LS138 等集成块。

三、实验原理

(1) 实验图 16-1 所示电路是由集成**异或门**、**与门**、**或门**组成的全加器。它是典型的组合逻辑电路,可以实现两个一位二进制数相加,并考虑来自低位的进位 C_{i-1},输出的本位和为 S_i,向高一位的进位为 C_i。

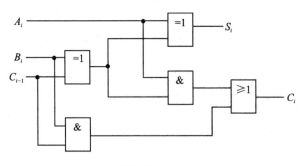

实验图 16-1

(2) 实验图 16-2(a)～(d)所示分别是常用组合逻辑电路的引脚排列图。其工作原理可参照教材中相关内容。

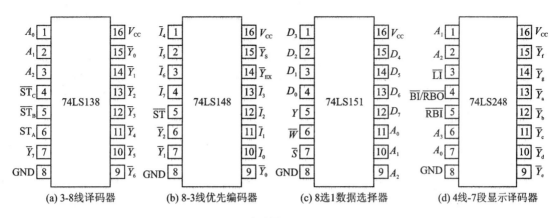

(a) 3-8线译码器　　　　(b) 8-3线优先编码器　　　　(c) 8选1数据选择器　　　　(d) 4线-7段显示译码器

实验图 16-2

四、实验内容与步骤

1. 优先编码器逻辑功能测试

将 8 线-3 线优先编码器 74LS148 的输入端 $\bar{I}_7 \sim \bar{I}_0$ 接逻辑开关,$\bar{Y}_S$ 和 $\bar{Y}_{EX}$ 及输出端 $\bar{Y}_2 \sim$ $\bar{Y}_0$ 接发光二极管。改变输入端状态,观察输出端状态,并填入实验表 16-1。

实验表 16-1

输　入									输　出				
$\overline{ST}$	$\bar{I}_7$	$\bar{I}_6$	$\bar{I}_5$	$\bar{I}_4$	$\bar{I}_3$	$\bar{I}_2$	$\bar{I}_1$	$\bar{I}_0$	$\bar{Y}_2$	$\bar{Y}_1$	$\bar{Y}_0$	$\bar{Y}_S$	$\bar{Y}_{EX}$
1	×	×	×	×	×	×	×	×					
0	1	1	1	1	1	1	1	1					
0	0	×	×	×	×	×	×	×					
0	1	0	×	×	×	×	×	×					
0	1	1	0	×	×	×	×	×					
0	1	1	1	0	×	×	×	×					
0	1	1	1	1	0	×	×	×					
0	1	1	1	1	1	0	×	×					
0	1	1	1	1	1	1	0	×					
0	1	1	1	1	1	1	1	0					

2. 译码器功能测试

(1) 译码器 74LS138 功能测试

将 3 线-8 线译码器 74LS138 插入 16P 插座上,输入端 A_2、A_1、A_0 分别接逻辑开关 K_3、K_2、K_1,$\bar{Y}_0 \sim \bar{Y}_7$ 分别接 1 号到 8 号 LED 状态显示,ST_A、$\overline{ST}_B$、$\overline{ST}_C$ 分别接逻辑开关的 K_4、K_5、K_6 或适当的拨码开关输出端。按实验表 16-2 分别输入有关信号,观察输出结果并记录实验表 16-2 中。

(2) 译码显示电路功能测试

将七段字型译码器 74LS248 插入实验箱 IC 插座,找到实验箱上的共阴极 LED 数码管按实验图 16-3 连线,输入端 A、B、C、$D(A$ 是四位代码的最高位,D 是最低位)接逻辑开关,改变输入信号状态,观察数码管显示情况,并填实验表 16-3。

实验表 16-2

输　入						输　出							
ST_A	$\overline{ST_B}$	$\overline{ST_C}$	A_2	A_1	A_0	$\overline{Y}_0$	$\overline{Y}_1$	$\overline{Y}_2$	$\overline{Y}_3$	$\overline{Y}_4$	$\overline{Y}_5$	$\overline{Y}_6$	$\overline{Y}_7$
0	×	×	×	×	×								
1	0	1	×	×	×								
1	1	×	×	×	×								
1	0	0	0	0	0								
1	0	0	0	0	1								
1	0	0	0	1	0								
1	0	0	0	1	1								
1	0	0	1	0	0								
1	0	0	1	0	1								
1	0	0	1	1	0								
1	0	0	1	1	1								

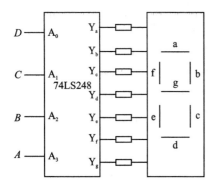

实验图 16-3

实验表 16-3

A	B	C	D	字　形	A	B	C	D	字　形
0	0	0	0		0	1	0	1	
0	0	0	1		0	1	1	0	
0	0	1	0		0	1	1	1	
0	0	1	1		1	0	0	0	
0	1	0	0		1	0	0	1	

3. 数据选择器功能测试

将八选一数据选择器 74LS151 插入 16P 插座上,地址端 $A_0 \sim A_2$、数据端 $D_0 \sim D_7$、使能端 $\overline{S}$ 接逻辑开关,输出端 Q 接 LED 状态显示。置数据输入端 $D_0 \sim D_7$ 为 **10101010** 或 **11110000**,按实验表 16-4 分别输入有关地址信号,观察观察输出结果并记录在实验表 16-4 中。

4. 全加器功能测试

(1) 按实验图 16-1 所示电路连线。输入端接逻辑开关,输出接 LED 状态显示,检查接线无误后,接通电源测试。当输入 A_i、B_i、C_{i-1} 为实验

实验表 16-4

A_2	A_1	A_0	$\overline{S}$	Y	$\overline{W}$
×	×	×	1		
0	0	0	0		
0	0	1	0		
0	1	0	0		
0	1	1	0		
1	0	0	0		
1	0	1	0		
1	1	0	0		
1	1	1	0		

表表 16-5 所列情况时,观察输出端 S_i、C_i 的显示结果,记录于实验表 16-5 中,并总结全加器的逻辑关系式。

(2) 试用 1 片 74LS138 和基本门电路构成 1 位全加器电路,画出电路连线图,并验证其功能。

(3) 试用 74LS151 构成 1 位全加器电路,画出电路连线图,并验证其功能。

实验表 16 - 5

A_i	B_i	C_{i-1}	S_i	C_i	A_i	B_i	C_{i-1}	S_i	C_i
0	0	0			1	0	0		
0	0	1			1	0	1		
0	1	0			1	1	0		
0	1	1			1	1	1		

实验 17   集成触发器

一、实验目的

(1) 掌握用与非门构成的基本 RS 触发器的特征。

(2) 掌握集成 JK 触发器、D 触发器的逻辑功能和使用。

(3) 熟悉触发器之间的相互转换方法。

二、实验仪器与器材

数字实验箱;集成电路 74LS74、74LS112、74LS00、74LS04、74LS08、74LS32(其外引线排列图可参阅附录 3);双踪示波器。

三、实验原理

(1) 基本 RS 触发器是最简单的触发器,是构成各种性能更完善的触发器的基础,它是由两个与非门交叉耦合而成,电路如实验图 17 - 1 所示。

(2) 同步 D 触发器是在基本 RS 触发器的基础上,增加两个控制门和一个控制信号电路如实验图 17 - 2 所示,它既克服了基本 RS 触发器直接控制的缺点,又解决了 R、S 之间有约束的问题。

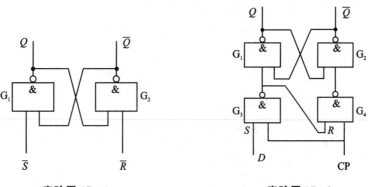

实验图 17 - 1   实验图 17 - 2

（3）维持阻塞型 D 触发器是一种边沿触发器,广泛应用于数据锁存、控制电路中,是组成移位、计数和分频电路的基本逻辑单元。

（4）JK 触发器是最主要的触发器之一,功能完备,使用灵活,通用性强,广泛应用于计数、分频、时钟脉冲发生等电路中。

四、实验内容与步骤

1. 基本 RS 触发器功能测试

将 74LS00 集成电路芯片插入 IC 空插座中,按实验图 17-1 连接线路,组成基本 RS 触发器,输入端 $\overline{R}$、$\overline{S}$ 分别接逻辑开关,输出端 Q、$\overline{Q}$ 分别接 LED 状态显示。合上电源开关按实验表 17-1 输入信号,观察输出结果并记录于实验表 17-1 中。总结基本 RS 触发器的功能。

实验表 17-1

$\overline{R}$	$\overline{S}$	Q	$\overline{Q}$
0	**0**		
0	**1**		
1	**0**		
1	**1**		

2. 同步 D 触发器功能测试

（1）测试 $\overline{R}_D$、$\overline{S}_D$ 的复位、置位功能。将边沿双 D 触发器 74LS74 集成电路芯片插入 IC 空插座中,任取一只 D 触发器,将输入端 D、$\overline{R}_D$、$\overline{S}_D$ 分别接逻辑开关,CP 接单次脉冲源,Q、$\overline{Q}$ 接 LED 状态显示,按实验表 17-2 输入信号,观察输出信号并记录于实验表 17-2 中。总结异步输入端 $\overline{R}_D$、$\overline{S}_D$ 的功能。74LS74 的引脚排列图如实验图 17-3 所示。

实验表 17-2　D 触发器功能检测表

CP	D	$\overline{R}_D$	$\overline{S}_D$	Q	$\overline{Q}$	结论或说明
×	×	**0**	**0**			
×	×	**0**	**1**			
×	×	**1**	**0**			
×	×	**1**	**1**			

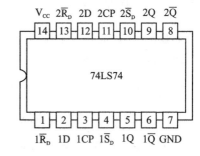

实验图 17-3

（2）测试 D 触发器的逻辑功能。将输入端 D 接逻辑开关,CP 接单次脉冲,按实验表 17-3 所示要求进行测试,并观察触发器状态更新是否发生在 CP 脉冲的上升沿(CP 由 **0→1** 瞬间),将结果记录于实验表 17-3 中。总结基本 D 触发器的功能。

实验表 17-3　D 触发器功能检测表

D	CP	Q^{n+1}		结论或说明
		$Q^n=0$	$Q^n=1$	
0	**0→1**			
	1→0			
1	**0→1**			
	1→0			

（3）将 D 触发器的 $\overline{Q}$ 端和 D 端相连接,构成 T' 触发器。在 CP 端输入 1 Hz 的连续脉冲,

观察 Q 端的变化。在 CP 端输入 1 kHz 的连续脉冲,用双踪示波器观察 CP、Q 端的波形。注意相位关系,画出波形图。

3. JK 触发器功能测试

(1) 测试异步输入端 $\overline{R}_D$、$\overline{S}_D$ 的功能。将边沿 JK 触发器 74LS112 集成电路芯片插入 IC 空插座中,任取其中一只 JK 触发器,将 $\overline{R}_D$、$\overline{S}_D$、J、K 端接逻辑开关,CP 端接单次脉冲,Q、$\overline{Q}$ 端接 LED 状态显示,按实验表 17 - 4 输入数据。观察输出信号并记录于实验表 17 - 4 中,总结异步输入端 $\overline{R}_D$、$\overline{S}_D$ 的功能。74LS112 的引脚排列图如实验图 17 - 4 所示。

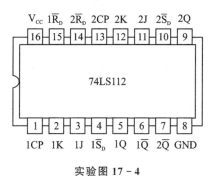

实验图 17 - 4

实验表 17 - 4　JK 触发器功能检测表

CP	J	K	$\overline{R}_D$	$\overline{S}_D$	Q	$\overline{Q}$	结论或说明
×	×	×	0	0			
×	×	×	0	1			
×	×	×	1	0			
×	×	×	1	1			

(2) JK 触发器逻辑功能检测。按实验表 17 - 5 的要求改变 J、K、CP 端状态,观察 Q、$\overline{Q}$ 端状态变化情况。注意触发器状态更新是否发生在 CP 脉冲的下降沿(CP 由 **1→0** 瞬间),将结果记录于实验表 17 - 5 中。

实验表 17 - 5　JK 触发器功能检测表

J	K	CP	Q^{n+1} $Q^n=0$	Q^{n+1} $Q^n=1$	结论或说明
0	0	0→1			
0	0	1→0			
0	1	0→1			
0	1	1→0			
1	0	0→1			
1	0	1→0			
1	1	0→1			
1	1	1→0			

(3) 将 JK 触发器的 J、K 端连在一起构成 T 触发器,在 CP 端输入 1 Hz 的连续脉冲,观察 Q 端的变化。在 CP 端输入 1 kHz 的连续脉冲,用双踪示波器观察 CP、Q 端的波形。注意相位关系,画出波形图。

4. 触发器之间的相互转换

(1) 将 JK 触发器转换成 D 触发器并验证逻辑功能。转换电路如实验图 17 - 5 所示,图中的 JK 触发器可选用 74LS112,并使其中的 $\overline{R}_D=\overline{S}_D=1$。输入端 D 接逻辑开关,CP 接单次脉冲,按实验表 17 - 3 输入信号,观察输出结果并与 D 触发器实验结果进行比较。

(2) 将 D 触发器转换成 JK 触发器并验证其逻辑功能。转换电路如实验图 17 - 6 所示,其中置 $\overline{R}_D=\overline{S}_D=1$。输入端 J、K 接逻辑开关,CP 接单次脉冲。按实验表 17 - 5 验证其逻辑功能。

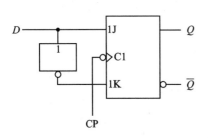

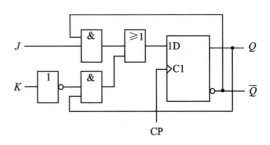

实验图 17-5 JK 触发器转换成 D 触发器　　　**实验图 17-6 D 触发器转换成 JK 触发器**

5 触发器的应用

(1) 将 JK 触发器 74LS112 按实验图 17-7 接线,CP 端接 1 kHz 连续脉冲,用双踪示波器观察 CP 与 Q_2 的波形。注意两个波形之间的对应关系,画出波形,说明电路功能。

(2) 设计一个三人智力竞赛抢答器,具体要求是:每个抢答者操作一个微动开关,以控制自己的一个指示灯,抢先按

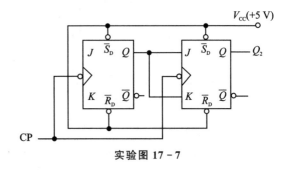

实验图 17-7

动开关者能使自己的指示灯亮,并封锁其余两人的动作,其余两人即使按动自己的开关也不起作用。主持人按动总的复位开关使指示灯熄灭,并解除封锁。此电路采用触发器及集成门电路即可实现。

实验 18　时序逻辑电路

一、实验目的

(1) 熟悉同步计数器的一般分析、设计方法,学会用触发器组成计数器。

(2) 熟悉中规模集成触发器的功能特点,学会用中规模集成计数器组成 N 进制计数器的方法。

(3) 熟悉移位寄存器的功能特点及其典型应用。

二、实验仪器与器材

数字电路实验箱;集成电路 74LS112、74LS74、74LS90、74LS161、74LS20、74LS86、74LS04。

三、实验原理

中规模集成计数器的使用。中规模集成计数器中,二进制或十进制(8421 码)加法计数器较常用,如 74LS160 是比较典型的中规模集成十进制同步计数器,其外引线排列图如实验图 18-1(a)所示。电路具有异步清零、同步置数、十进制计数以及保持原态 4 种功能。计数时,在计数脉冲的上升沿作用下有效。功能表如实验表 18-1 所示。74LS90 是异步二—五—

十进制加法计数器,其外引线排列图如实验图 18-1(b)所示。通过不同的连接方式,可以实现二进制计数、五进制计数、8421 码十进制计数和 5421 码十进制计数等四种不同的逻辑功能;而且还可以借助 $R_0(1)$、$R_0(2)$ 对计数器清零,借助 $S_9(1)$、$S_9(2)$ 将计数器置 9。功能表如实验表 18-2 所列。

利用反馈复位法和反馈置数法可以构成任意 N 进制计数器。

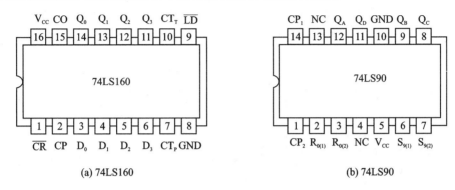

(a) 74LS160   (b) 74LS90

实验图 18-1 芯片引脚排列图

实验表 18-1 74LS160 的功能表

输 入									输 出				注
$\overline{CR}$	LD	CT_P	CT_T	CP	D_3	D_2	D_1	D_0	Q_3^{n+1}	Q_2^{n+1}	Q_1^{n+1}	Q_0^{n+1}	
0	×	×	×	×	×	×	×	×	**0**	**0**	**0**	**0**	异步清零
1	**0**	×	×	↑	d_3	d_2	d_1	d_0	d_3	d_2	d_1	d_0	同步置数
1	**1**	**1**	**1**	↑	×	×	×	×	加	法	计	数	
1	**1**	**0**	×	×	×	×	×	×	保			持	
1	**1**	×	**0**	×	×	×	×	×	保			持	

实验表 18-2 74LS90 的功能表

输 入				输 出				功 能
清 0	置 9	时钟		Q_3	Q_2	Q_1	Q_0	
$R_0(1)$,$R_0(2)$	$S_9(1)$,$S_9(2)$	CP_1	CP_2					
1 **1**	**0** × × **0**	×	×	**0**	**0**	**0**	**0**	清 0
0 × × **0**	**1** **1**	×	×	**1**	**0**	**0**	**1**	置 9
0 × × **0**	**0** × × **0**	↓	**1**	Q_0 输出				二进制计数
		1	↓	$Q_3Q_2Q_1$ 输出				五进制计数
		↓	Q_0	$Q_3Q_2Q_1Q_0$ 输出 8421BCD 码				十进制计数
		Q_3	↓	$Q_3Q_2Q_1Q_0$ 输出 5421BCD 码				十进制计数
		1	**1**	不变				保持

四、实验内容与步骤

1. JK 触发器组成同步计数器功能测试

将 74LS112 集成电路芯片插入 IC 空插座中,按实验图 18-2 接线。用数码管及 LED 状态显示输出状态,CP 端接实验箱单次脉冲,用逻辑开关控制各触发器的异步置位、复位端,使计数器分别进入各无效状态,输入 CP 脉冲,检查计数器能否自启动。然后使各触发器初始状态为 0,输入脉冲,观察输出端的变化,填实验表 18-3。画出状态转换图,并说明该电路功能。74LS112 的引脚排列图如实验图 18-3 所示。

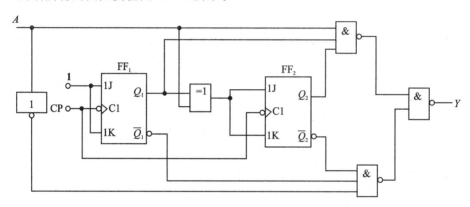

实验图 18-2　由 JK 触发器构成的同步计数器

实验表 18-3　同步计数器功能测试表

A	CP	Q_2^n Q_1^n	Q_2^{n+1} Q_1^{n+1}	Y
0	0			
	1			
	2			
	3			
	4			
1	0			
	1			
	2			
	3			
	4			

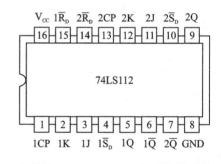

实验图 18-3　74LS112 的引脚排列图

2. D 触发器组成同步计数器功能测试

将 74LS74 集成电路芯片插入 IC 空插座中,按实验图 18-4 接线。CP 接单次脉冲,输出 Q_1、Q_2、Q_3 分别接 LED 状态显示。用逻辑开关控制各触发器的 $\overline{R}_D$、$\overline{S}_D$ 端。首先,使输出为 000($Q_3Q_2Q_1$),依次输入单次脉冲,观察输出状态的变化规律,找到有效循环。然后,预置未出现的各无效状态,观察在 CP 脉冲作用下,能否自动转到有效状态,确定电路能否自启动,画出状态转换图,并说明该电路功能。

3. 中规模集成计数器的应用

(1)根据表 18-1、表 18-2 验证 74LS90、74LS160 的功能。

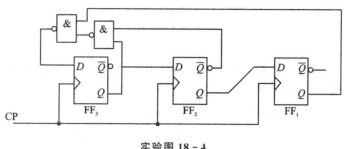

实验图 18 - 4

（2）试用中规模集成计数器 74LS160 组成七进制计数器，要求用两种方法实现，画出电路图，并在 CP 作用下验证其功能。

（3）用两片 74LS90，应用计数器的级联方式，设计一个三十六进制计数器，并用七段数码管显示计数结果。画出电路图，并进行验证。

实验 19 脉冲波形的产生与整形电路

一、实验目的

（1）掌握施密特触发器、单稳态触发器和多谐振荡器的工作特点和典型应用。

（2）熟悉 555 定时器的工作原理，掌握定时元件对输出信号周期及脉宽的影响。

（3）掌握用 555 定时器构成上述三种电路的方法。

（4）熟悉 555 定时器的实际应用电路。

二、实验仪器与器材

555 定时器集成电路；部分电阻、电容；直流稳压电源；万用表等；数字实验箱。

三、实验内容及步骤

1. 555 定时器各方面性能检测

（1）555 定时器电路好坏的检查。将 555 电路按实验图 19 - 1 所示方法连接好，就构成了一个多谐振荡器；若集成电路正常，就会产生振荡，其频率为

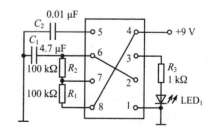

实验图 19 - 1   555 定时器电路好坏检测方法

$$f = \frac{1.443}{(R_1 + 2R_2)C_1} \approx 1 \text{ Hz}$$

因此，输出端的发光二极管就会 1 s 发光一次，如不发光或常亮不熄，均说明被测的时基电路已经损坏。

（2）定时时间的检测。将实验图 19 - 1 中的电阻、电容改为以下两种情况，用示波器观察各自的波形（即 IC_1 的③脚输出波形），试分析它们的区别。

（a）电阻 $R_1 = 51 \text{ k}\Omega$，$R_2 = 4.7 \text{ k}\Omega$，电容 $C = 0.1 \text{ }\mu\text{F}$。

（b）电阻 $R_1=R_2=33$ kΩ，电容 $C=0.01$ μF。

记录实验结果主要是记录上面实验得到的波形，从示波器上读出波形的幅度、周期、脉宽，并从理论上加以验证，对存在的误差分析其原因。

（3）555 定时器逻辑功能的检测。555 定时器逻辑功能检测电路如实验图 19 - 2 所示，图中 S_1、S_2、S_3 是 3 只三位逻辑开关。通过这 3 只开关的接通与断开，分别为 555 集成电路的②脚（$\overline{\text{TR}}$）、⑥脚（TH）、④脚（$\overline{R}$）提供不同的逻辑电平。LED_1、LED_2 是两只发光二极管，通过其点亮与熄灭，来反映 555 集成电路⑦脚（D）和③脚（OUT）输出情况。根据实验表 19 - 1 中所列各条目，将得到的结果填入实验表 19 - 1 中。

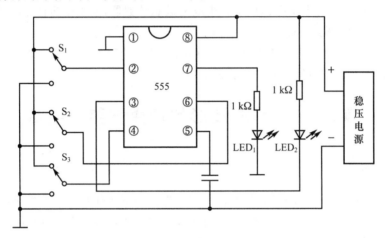

实验图 19 - 2　检测 555 定时器逻辑功能电路

实验表 19 - 1　检测 555 定时器逻辑功能记录表

输　　入			输　　出		发光二极管点亮情况	
⑥脚（TH）	②脚（$\overline{\text{TR}}$）	④脚（$\overline{R}$）	⑦脚（D）	③脚（OUT）	LED_1	LED_2

2. 用 555 定时器构成施密特触发器、单稳态触发器和多谐振荡器

（1）用 555 构成的施密特触发器

① 分析实验图 19 - 3 所示电路的工作原理，用示波器观察和描绘 u_i、u_o 的波形，并标出 U_{T+}、U_{T-}、ΔU_T 值；参照给定的电路原理图，说明 U_{T+}、U_{T-}、ΔU_T 值和理论分析值是否一致？

② 根据计算的理论值和实际的测量值进行误差分析。

（2）用 555 构成的多谐振荡器

① 分析实验图 19 - 4 所示电路的工作原理，计算其周期、频率，然后用 555 按实验图 19 - 4 接线；用示波器观察和描绘 u_C、u_o 的波形，并标出各波形的实际测量参数，注意 u_C 的两个特征电位点。

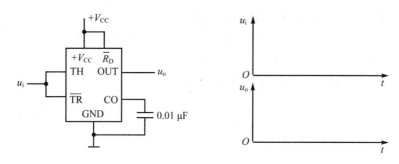

实验图 19 - 3 由 555 定时器组成的施密特触发器

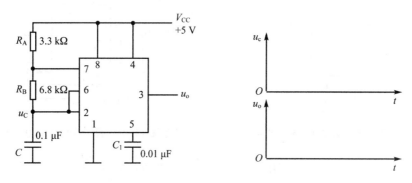

实验图 19 - 4 由 555 构成的多谐振荡器

② 根据计算的理论值和实际的测量值进行误差分析。

（3）用 555 构成的单稳态触发器

① 分析实验图 19 - 5 所示电路的工作原理，计算 u_o 的脉冲宽度，然后用 555 按实验图 19 - 5 接线；用示波器观察和描绘 u_i、u_C、u_o 的波形，并标出各波形的实际测量参数，注意各路波形要同步和 u_C 的转换电平值。

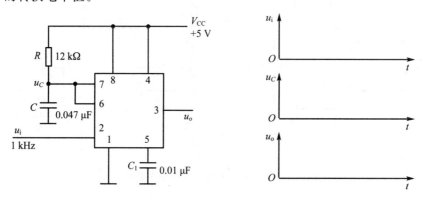

实验图 19 - 5 由 555 构成的单稳态触发器

② 根据计算的理论值和实际的测量值进行误差分析。

需要注意的是，本实验要测量的是各个波形电平和时间参数，故应该正确地调节和使用示波器。在测量前，应该把通道设置菜单中的"耦合"设定为"直流"，"探头"设定为"1×"，然后调出光标进行测量。注意在光标菜单中的"信源"是指被测的信号源，光标线的颜色与被测信号的波形颜色相同，因此，在测量不同信号的波形参数时应该相应地改变"信源"的选择。

3. 用 555 定时器构成的 RS 触发器电路测试

按实验图 19-6 接线，R、S 分别接电平开关，Q 接指示灯，分别拨动电平开关，使 R、S 分别为 **0、1**，**1、0**，**1、1**，观察并列表记录 Q 端的状态。

4. 用 555 定时器构成的电平检测器电路测试

(1) 按实验图 19-7 接线，先调节电位器 R_{P2}，用数字万用表测量 555 第⑤脚的点位，使它为 2.5 V，然后，调节电位器 R_{P1}，测量 u_o 由高电平变为低电平或低电平变为高电平时 555 第⑥脚的电位。

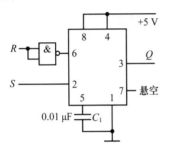 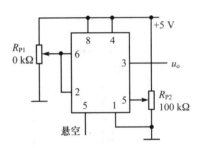

实验图 19-6　用 555 构成的 RS 触发器电路　　　　实验图 19-7　用 555 构成的电平检测器

(2) 调节电位器 R_{P2}，用数字万用表测量 555 第⑤脚的点位，使它分别为 1.5 V 和 3.5 V。重复上面的测量，列表记录各数值，分析实验结果。

5. 用 555 定时器构成的救护车音响电路测试

(1) 分析实验图 19-8 的工作原理，计算 u_{o1} 的脉冲宽度和周期、频率，u_{o2} 的周期、频率。然后用 555 按实验图 19-8 接线；用示波器观察和描绘 u_{C1}、u_{o1}、u_{C3}、u_{o2} 的波形，并标出各波形的实际测量参数。注意各波形要同步和 u_{C1}、u_{C3} 的充电、放电的平均值。

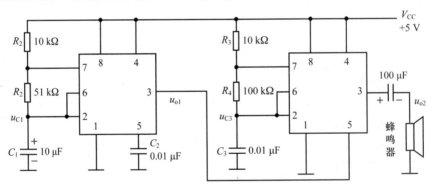

实验图 19-8　用 555 构成的救护车音响电路

(2) 根据计算的理论值和实际的测量值进行误差分析。

6. 用 555 定时器构成的三极管好坏判别器的测试

电路如实验图 19-9 所示，注意 NPN 型和 PNP 型引脚接插的位置，试分析其工作原理，并说明三极管的 β 值与蜂鸣器声音大小的关系。

7. 用 555 定时器构成的酒精浓度判别器的测试

电路如实验图 19-10 所示，酒精浓度越高，电阻 R_x 的阻值越大。试分析该电路的工作原理，说明酒精浓度与蜂鸣器声调的关系。

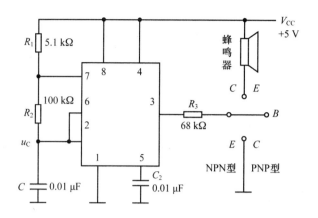

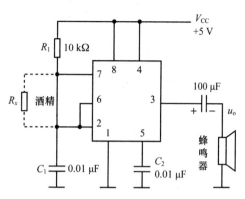

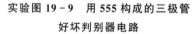

实验图 19 - 9　用 555 构成的三极管好坏判别器电路

实验图 19 - 10　用 555 构成的酒精浓度判别器电路

8. 用 555 定时器构成压控振荡器

试用 555 定时器设计一个压控振荡器,要求主振频率为 1 kHz,控制信号为 10～100 Hz 的连续可调方波信号。

最后需提示一点,本实验要测试的是各个波形电平和时间参数,故应该正确调节和使用示波器。关于示波器的使用,请参阅有关书籍。

实验 20　D/A、A/D 转换器

一、实验目的

(1) 了解 D/A 和 A/D 转换器的基本工作原理和基本结构。
(2) 掌握大规模集成 D/A 和 A/D 转换器的功能及典型应用。

二、实验仪器与器材

数字实验箱;双踪示波器;直流数字电压表;集成电路 DAC0832、ADC0809、μA741、电位器、电阻、电容若干。

三、实验内容及步骤

1. D/A 转换器——DAC0832

(1) 按实验图 20 - 1 接线,电路接成直通方式,即 $\overline{CS}$、$\overline{WR_1}$、$\overline{WR_2}$、$\overline{XFER}$ 接地;ILE、V_{CC}、V_{REF} 接 +5 V 电源;运放电源接 ±15 V;D_0～D_7 接逻辑开关,输出端 u_o 接数字万用表。

(2) 调零,令 D_0～D_7 全置零,调节运放 μA741 的电位器使其输出为零。

(3) 按实验表 20 - 2 所列的数字信号进行输入,用数字万用表电压档测量运放的输出电压 u_o,并将测量结果填入实验表 20 - 1 中,并与理论值进行比较。

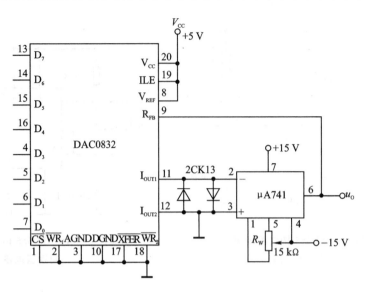

实验图 20 - 1　D/A 转换器实验线路图

实验表 20 - 1

输入数字量								输出模拟量 U_O/V
D_7	D_6	D_5	D_4	D_3	D_2	D_1	D_0	$V_{CC} = +5$
0	**0**	**0**	**0**	**0**	**0**	**0**	**0**	
0	**0**	**0**	**0**	**0**	**0**	**0**	**1**	
0	**0**	**0**	**0**	**0**	**0**	**1**	**0**	
0	**0**	**0**	**0**	**0**	**1**	**0**	**0**	
0	**0**	**0**	**0**	**1**	**0**	**0**	**0**	
0	**0**	**0**	**1**	**0**	**0**	**0**	**0**	
0	**0**	**1**	**0**	**0**	**0**	**0**	**0**	
0	**1**	**0**	**0**	**0**	**0**	**0**	**0**	
1	**0**	**0**	**0**	**0**	**0**	**0**	**0**	
1	**1**	**1**	**1**	**1**	**1**	**1**	**1**	

2．A/D 转换器——ADC0809

按实验图 20 - 2 接线。

(1) 八路输入模拟信号 1~4.5 V,由+5 V 电源经电阻 R 分压组成;变换结果 D_0~D_7 接 LED 显示状态,CP 时钟脉冲由计数脉冲源提供,取 $f = 100$ kHz;ADD_C、ADD_B、ADD_A 地址端接逻辑开关。

(2) 接通电源后,在启动端(START)加一正单次脉冲,下降沿一到即开始 A/D 转换。

(3) 按实验表 20 - 2 的要求观察,记录 IN_0~IN_7 八路模拟信号的转换结果,并将转换结果换算成十进制数表示的电压值,并与数字电压表实测的各路输入电压值进行比较,分析误差原因。

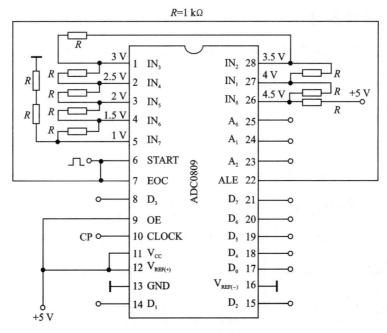

实验图 20 - 2 ADC0809 实验线路图

实验表 20 - 2

被选模拟通道	输入模拟量	地 址			输出数字量								
IN	u_1/V	ADD_C	ADD_B	ADD_A	D_7	D_6	D_5	D_4	D_3	D_2	D_1	D_0	十进制
IN_0	4.5	**0**	**0**	**0**									
IN_1	4.0	**0**	**0**	**1**									
IN_2	3.5	**0**	**1**	**0**									
IN_3	3.0	**0**	**1**	**1**									
IN_4	2.5	**1**	**0**	**0**									
IN_5	2.0	**1**	**0**	**1**									
IN_6	1.5	**1**	**1**	**0**									
IN_7	1.0	**1**	**1**	**1**									

实验 21 综合性实验——电子秒表

一、实验目的

（1）学习数字电路中基本 RS 触发器、单稳态触发器、时钟发生器及计数、译码显示等单元电路的综合应用。

（2）学习电子秒表的调试方法。

二、实验仪器与器材

数字实验箱;双踪示波器;集成电路 74LS00×2、555×1、74LS90×3,电位器、电阻、电容若干。

三、实验原理

实验图 21-1 所示为电子秒表的电原理图。按功能分成四个单元电路进行分析。

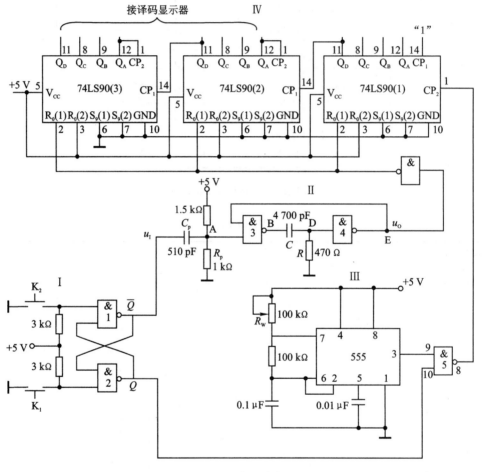

实验图 21-1 电子秒表原理图

1. 基本 RS 触发器

实验图 21-1 中,单元 I 为用集成**与非门**构成的基本 RS 触发器。属低电平直接触发的触发器,有直接置位、复位的功能。

它的一路输出 $\overline{Q}$ 作为单稳态触发器的输入,另一路输出 Q 作为**与非门** 5 的输入控制信号。

按动按钮开关 K_2(接地),则门 1 输出 $\overline{Q}=1$;门 2 输出 $Q=0$,K_2 复位,Q、$\overline{Q}$ 状态保持不变。在按动按钮开关 K_1,则 Q 由 0 变为 1,门 5 开启,为计数器启动作好准备。$\overline{Q}$ 由 1 变 0,送出负脉冲,启动单稳态触发器工作。

基本 RS 触发器在电子秒表中的职能是启动和停止秒表的工作。

2. 单稳态触发器

实验图 21-1 中,单元 Ⅱ 为用集成与非门构成的微分型单稳态触发器,实验图 21-2 为各点波形图。

单稳态触发器的输入触发负脉冲信号 u_i 由基本 RS 触发器 $\overline{Q}$ 端提供,输出负脉冲 u_O 通过非门加到计数器的清除端 R_0。

静态时,门 4 应处于截止状态,故电阻 R 必须小于门的关门电阻 R_{off}。定时元件 R 和 C 取值不同,输出脉冲宽度也不同。当触发脉冲宽度小于输出脉冲宽度时,可以省去输入微分电路的电阻 R_P 和电容 C_P。

单稳态触发器在电子秒表中的职能是为计数器提供清零信号。

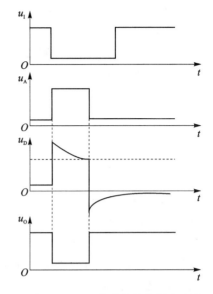

实验图 21-2 单稳态触发器波形图

3. 时钟发生器

实验图 21-1 中单元 Ⅲ 为用 555 定时器构成的多谐振荡器,是一种性能较好的时钟源。

调节电位器 R_W,使在输出端 3 获得频率为 50 Hz 的矩形波信号。当基本 RS 触发器 Q=1 时,门 5 开启,此时 50 Hz 脉冲信号通过门 5 作为计数脉冲加于计数器①的计数输入端 CP$_2$。

4. 计数及译码显示

实验图 21-1 中单元 Ⅳ 用二-五-十进制加法计数器 74LS90 构成电子秒表的计数单元。其中计数器(1)接成五进制形式,对频率为 50 Hz 的时钟脉冲进行五分频,在输出端 Q$_D$ 取得周期为 0.1 s 的矩形脉冲,作为计数器(2)的时钟输入。计数器(2)及计数器(3)接成 8421 码十进制形式,其输出端与实验箱的译码显示单元的相应输入端连接,可显示 0.1~0.9 s;1~9.9 s 计时。

四、实验内容及步骤

由于实验电路中使用器件较多,实验前必须合理安排各器件在实验装置上的位置,使电路逻辑清楚,接线较短。

实验时,应按照实验任务的次序,将各单元电路逐个进行接线和调试,即分别测试基本 RS 触发器、单稳态触发器、时钟发生器及计数器的逻辑功能,待各单元电路工作正常后,再将有关电路逐级连接起来进行测试,直到测试电子秒表整个电路的功能。这样的测试方法有利于检查和排除故障,保证实验顺利进行。

1. 基本 RS 触发器的测试

测试方法参考实验 4 的集成触发器实验。

2. 单稳态触发器的测试

(1) 静态测试。用直流数字电压表测量 A、B、C、D、F 各点电位值,记录之。

(2) 动态测试。输入端接 1 kHz 的连续脉冲源,用示波器观察并描绘 D 点(u_D)和 F 点(u_O)波形,若单稳态输出脉冲持续时间太短,难以观察,可适当加大微分电容 C(如改为

0.1 μF),待测试完毕,再恢复为 4 700 pF。

3. 时钟发生器的测试

用示波器观察输出波形并测量其频率,调节 R_W,使输出矩形波频率为 50 Hz。

4. 计数器的测试

(1) 计数器①接成五进制形式,$R_{0(1)}$、$R_{0(2)}$、$S_{0(1)}$、$S_{0(2)}$ 接逻辑开关输出插口,CP_2 接单次脉冲源,CP_1 接高电平 **1**,$Q_D \sim Q_A$ 接实验设备上译码显示输入端 D、C、B、A,测试其功能,记录之。

(2) 计数器②及计数器③接成 8421 码十进制形式,同内容①进行逻辑功能测试,记录之。

(3) 将计数器①、②、③级联,进行逻辑功能测试,记录之。

5. 电子秒表的整体测试

各单元电路测试正常后,按实验图 21 - 1 把几个单元电路连接起来,进行电子秒表的总体测试。

先按一下按钮开关 K_2,此时电子秒表不工作,再按一下按钮开关 K_1,计数器清零后便开始计时,观察数码管显示计数情况是否正常。如不需要计时或暂停计时,按一下开关 K_2,计时立即停止,但数码管保留所计时之值。

第三部分

实习指导

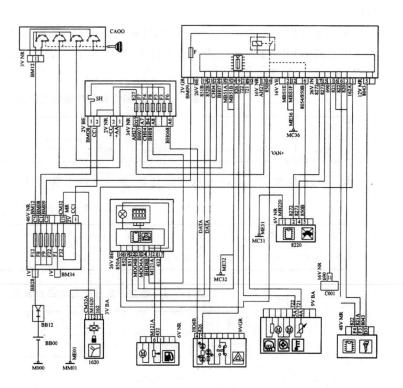

第 15 章　常用电子元器件的识别、检测与应用

15.1　电阻器

在电子线路中,具有电阻性能的实体元件称为电阻器,简称电阻,它广泛应用于电子产品的各个领域,是一种常用的电子元件。电阻器一般可用来降低电压、分配电压、稳定和调节电流、限流、分配电流、滤波、阻抗匹配及为其他器件提供必要的工作条件。

15.1.1　电阻器的分类

电阻器按构成材料的不同分为合金型电阻器、薄膜型电阻器、合成型电阻器等多种类型。按用途分为通用型、精密型、高频型、高压型、高阻型和集成电阻器等类型。按结构分为固定电阻器、可变电阻器和敏感电阻器三大类。通常把可变电阻器叫做电位器,电位器是一种可调电阻,对外有三个引出端,其中两个为固定端,一个为滑动端(也称中心抽头)。

15.1.2　电阻器的型号及命名

电阻器的型号很多,根据国家标准(GB 2470—81)规定,国产电阻器的型号由四个部分组成。

第一部分用字母表示产品名称,如用 R 表示电阻,用 W 表示电位器。

第二部分用字母表示产品的制作材料,如用 T 表示碳膜,用 J 表示金属膜,用 X 表示线绕等,如表 15-1 所列。

表 15-1　电阻器材料与字母对照表

符　号	H	I	J	N	S	T	X	Y
材料	合成膜	玻璃釉膜	金属膜	无机实心	有机实心	碳膜	线绕	氧化膜

第三部分用数字或字母表示产品分类,如表 15-2 和表 15-3 所列。

表 15-2　电阻产品分类与数字对照表

数　字	1	2	3	4	5	6	7	8	9
产品分类	普通	普通	超高频	高阻	高阻	—	精密	高压	特殊

表 15-3　电阻产品分类与字母对照表

字　母	G	T	W	D
产品分类	高功率	可调	—	—

第四部分用数字表示产品序列号。例如 RJ - 71 为精密金属膜电阻,RXT - 2 为可调线绕电阻。

15.1.3　电阻器的主要性能指标

1. 允许偏差

允许偏差是指电阻器的标称阻值与实际阻值之差。在电阻器的生产过程中,由于技术原因,实际阻值与标称阻值之间难免存在偏差,因而规定了一个允许偏差参数,也称为精度。常用电阻器的允许偏差分为 $\pm5\%$、$\pm10\%$、$\pm20\%$,对应的精度等级分为 Ⅰ、Ⅱ、Ⅲ 级。我国电阻器的标称阻值有 E6、E12、E24、E48、E96、E192 几种系列,其中 E6、E12、E24 比较常用,如表 15 - 4 所列。标称值不连续分布,电阻器的标称阻值为表 15 - 4 所列数值的 10^n 倍:n 为正整数、负数或零。以 E24 系列 1.0 为例,电阻器的标称阻值可为 1 Ω、10 Ω、100 Ω、1 kΩ、10 kΩ、100 kΩ、1 MΩ、10 MΩ 等,其他各系列依此类推。

电位器的允许偏差、精度等级系列和标称阻值系列与电阻器相同,其差别是电位器的标称阻值是指电位器的最大值。

表 15 - 4　电阻器参数表

系　　列	允许偏差	标称值		精度等级
E24	$\pm5\%$	1.0　1.1　1.2　1.3　1.5　1.6　1.8　2.0　2.2　2.4　2.7　3.0	3.3　3.6　3.9　4.3　4.7　5.1　5.6　6.2　6.8　7.5　8.2　9.1	Ⅰ
E12	$\pm10\%$	1.0　1.2　1.5　1.8　2.2　2.7　3.3　3.9　4.7　5.6　6.8　8.2		Ⅱ
E6	$\pm20\%$	1.0　1.5　2.2　3.3　4.7　6.8		Ⅲ

2. 额定功率 P

额定功率 P 是指在一定条件下,电阻器能长期连续负荷而不改变性能的允许功率。额定功率的大小也称瓦(W)数的大小,如 1/8 W、1/4 W、1/2 W、1 W、2 W、3 W、5 W、10 W、20 W,一般用数字印在电阻器的表面上。如果无此标示,可由电阻器的体积大致判断其额定功率的大小。如 1/8 W 电阻器的外形尺寸,长为 8 mm、直径为 2.5 mm;1/4 W 电阻器的外形尺寸,长为 12 mm、直径为 2.5 mm。

电位器额定功率的意义与电阻器相同。

15.1.4　电阻器的标注方法及其识别

电阻器的主要参数(标称阻值和允许误差)可标在电阻器上,以供识别。

在选用和正确识别电阻器的型号与规格时,一般可以从电阻器的表面数值直接读出它的阻值和精度,有时也可以从电阻器上印制的不同色环来判断它的阻值与精度。固定电阻器的常用标注方法有以下三种。

1. 直接标注法

用阿拉伯数字和单位符号(Ω、kΩ、MΩ 等)在电阻体表面直接标出阻值,用百分数直接标出允许偏差的方法称为直接标注法,如图 15 - 1 所示。若直标法未标出阻值单位,则其电位为 Ω。

图 15 - 1　直接标注法示意图

2. 文字符号法

用阿拉伯数字和文字符号有规律的组合,表示标称阻值和允许误差的方法称为文字符号法。其标称阻值的组合规律是:阻值单位用文字符号,R 表示欧姆,k 表示千欧,M 表示兆欧;阻值的整数部分写在阻值单位标志符号前面,阻值的小数部分写在阻值单位标志符号后面。阻值单位符号位置代表标称阻值有效数字中小数点所在位置。文字符号允许偏差一般用 Ⅰ、Ⅱ、Ⅲ 表示。例如,5.1 Ω 的电阻器用文字符号表示为 5R1;0.51 Ω 的电阻器用文字符号表示为 R51;51 Ω 的电阻器用文字符号表示为 51R;5.1 kΩ 的电阻器用文字符号表示为 5 k1;51 kΩ 的电阻器用文字符号表示为 51 k。

文字符号法一般在大功率电阻器上应用较多,具有识读方便、直观的特点;但对字母和数字含义不了解的人员,在识读时会有一定困难,因此此法不常采用。

3. 色环标注法

用不同的色环标注在电阻体上,表示电阻器的标称阻值和允许偏差的一种标注方法。色标法在家用电器和音像设备中的电阻器上应用极为广泛。部分进口电阻器及常使用的碳膜电阻器均采用这种标注方法。

常见的色环标注法有四色环法和五色环法两种。四色环法一般用于普通电阻器的标注。在四色环法中,最靠近电阻器一端的第一条色环的颜色表示第一位数字;第二条色环的颜色表示第二位数字;第三条色环的颜色表示乘数;第四条色环的颜色表示允许误差,如图 15 - 2(a)所示。五色环法一般用于精密电阻器的标注。在五色环法中,第一、二、三条色环表示的是第一、二、三位数,第四条表示乘数,第五条表示允许误差,如图 15 - 2(b)所示。

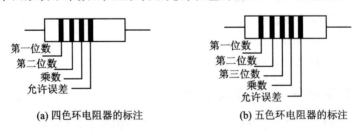

(a) 四色环电阻器的标注　　　　　　　(b) 五色环电阻器的标注

图 15 - 2　色环标注法示意图

对于用色环标注法标注的电阻器,在识读时,一定要看清最靠近电阻器一端的色环,否则会引起误读。四条色环的电阻器色标符号规定如表 15 - 5 所列。

例 1 - 1　某一电阻器最靠近某一端的色环按顺序排列分别为红、紫、橙、金色。查阅表 1.5 可知该电阻器的阻值为 27 kΩ,允许误差为 ±5%。

例 1 - 2　某一电阻器最靠近某一端的色环按顺序排列分别为棕、黑、红、银色。查阅表 1.5 可知该电阻器的阻值为 1 kΩ,允许误差为 ±10%。

表 15 - 5　色标的表示意义

颜　色	有效数字	乘　数	允许偏差/%	颜　色	有效数字	乘　数	允许偏差/%
棕色	1	10^1	±1	灰色	8	10^8	—
红色	2	10^2	±2	白色	9	10^9	+50～－20
橙色	3	10^3	—	黑色	0	10^0	—
黄色	4	10^4	—	银色	—	10^{-2}	±10
绿色	5	10^5	±0.5	金色	—	10^{-1}	±5
蓝色	6	10^6	±0.2	无色	—	—	±20
紫色	7	10^7	±0.1				

15.1.5　电阻器的测量与检查

1. 电阻器的测量

用指针式万用表测量电阻器时,应注意以下几点:

(1) 为保证测量的精确度,在测量前,万用表的电阻档每一档都必须调零。

(2) 测量时,根据电阻值合理选择万用表的有关电阻档的量程(倍率),以万用表的指针指在表面的 1/3～2/3 处为最好。

(3) 测量时,应采取单指握住电阻的一端,然后用另一只手拿表笔测量,不要用手指拿住电阻的两头,以防止人体电阻对测量值的影响(特别是对高阻值电阻的影响)。

(4) 在电路中测量电阻器时,一定要先切断电源,而且测量时需将一端断开,以免受其他元器件的影响,造成测量误差。若电路中接有电容器,还必须将电容器放电,以免产生的电压将万用表烧坏。

用数字万用表测量电阻器时,合理选择万用表的量程,直接在显示屏上读数即可;用数字万用表测量电阻器,其阻值比较准确、读数直观,适合初学者。

2. 电阻器的检查

确认电阻器是否损坏,可采用下列几种方法加以判断:

(1) 观察电阻器引线有无折断及外壳烧焦现象。

(2) 用万用表的 Ω 档进行测量。测量时,可以将电阻器从电路板上拆下来测量,也可在路测量。在路测量时,务必要先关掉电源,然后将万用表打在合适的档位,将表笔并在被怀疑有故障的电阻两端。若电阻器未损坏,则 R(测量值)≤R(标称值);若 R(测量值)≥R(标称值),一般为该电阻器损坏;若 R(测量值)≫R(标称值),则该电阻器肯定损坏。若在路测量把握不大,也可将电阻断开一个脚测量(对于电阻器变质情况)。

15.1.6　电阻器的代换

在仪器仪表和电器设备中常常遇到电阻损坏需要更换的情况,而且更换时又没有相同规格的备件,此时,可以用以下方法进行代换。

1. 相同种类电阻器的串、并联代换

根据串、并联电路中等效电阻与各串、并联电阻的关系,对于相同种类的电阻器,只要几只相同种类电阻器阻值之和等于被更换电阻器的阻值,用串联方法就能替代。如一只 4.7 Ω 的

电阻器烧坏了,可用一只阻值为 2.0 Ω 和一只阻值为 2.7 Ω 的备件电阻器串联代换。如果备件中只有阻值较大的电阻器,则可用并联法代换。

串、并联代换方法简单、易行,但是会使电路体积加大,可能给安装带来不便。

2. 其他种类及规格的代换

在代换时,要考虑性能与价格因素。一般情况下,金属膜电阻器可以代换同阻值、同功率的碳膜电阻器,氧化膜电阻器可以代换金属膜电阻器。

半可调电阻器只使用某一阻值(固定在某一阻值上),在损坏时可用相应阻值的固定电阻器代换。相反,固定电阻器也可以用半可调电阻器调至相同阻值来代换。

电位器在代换时,除了考虑总阻值尽量相同外,还要考虑外壳的大小,转轴的长短、直径,否则在安装时会带来不便。阻值的代换范围一般在原阻值的 120%~130%,如原电位器阻值为 4.7 kΩ,则可以用 5.1 kΩ 的电位器来代换。

另外,还要注意用于代换的电阻器的功率,原则上不能小于原电阻器的额定功率。如无同功率电阻器可代换,可用两只以上功率略小的电阻器串联或并联来替代。例如,一只 100 Ω、1/2 W 的电阻器烧坏后,可用两只 50 Ω、1/4 W 的电阻器串联来代替;同时,也可用两只 200 Ω、1/4 W 的电阻器并联来代替。在要求不很高的电路中,一般可用稍大于原功率的电阻器来替代。如果代换电阻的功率小于实际电阻器的功率,会使器件烧毁甚至造成其他设备、器件的损坏,在替换时要格外小心。

15.2　电容器

电容器是组成电路的一种基本元件。在电路中起隔直流、旁路和耦合交流等作用。电容器的基本结构是在两个相互靠近的导体之间覆一层不导电的绝缘材料——介质,构成电容器。它是一种储能元件,可在介质两边储存一定量的电荷。储存电荷的能力用电容量表示,基本单位是法拉(F),由于法拉单位太大,因而电容量的常用单位是微法(μF)和皮法(pF)。

15.2.1　电容器的分类

电容器的种类很多,按照不同的分类标准,可以分成不同的类型。

1. 按结构分类

按照结构的不同,电容器主要有三种。

(1) 固定电容器:电容量固定不变的电容器。

(2) 可变电容器:电容量可变的电容器。

(3) 半可变电容器:也叫微调电位器,其电容量可在较小的范围内调整变化,可变电容量一般为十几到几十皮法,最高也可以达到一百皮法左右(以陶瓷为介质时)。

2. 按介质材料分类

(1) 电解电容器:以铝、钽、铌、钛等金属氧化膜作介质的电容器。电解电容器有正、负极之分,一般电容器的外壳为负端,另一接头为正端,在外壳上都标有"＋"、"－"记号;当无标记时,引线长的视为"＋"端,引线短的视为"－"端,使用时必须注意。若接反,电解作用会反向进行,氧化膜很快变薄,漏电流急剧增加;如果所加的直流电压过大,则电解电容器很快发热,甚至会引起爆炸。

（2）云母电容器：以云母片作介质的电容器。

（3）瓷介质电容器：以高介电常数、低损耗的陶瓷材料为介质做成的电容器。

此外，还有玻璃釉电容器、纸介电容器、有机薄膜电容器等。

15.2.2　电容器的型号及命名

根据国家标准，电容器的型号命名一般由主称、材料、特征和序号四部分组成。例如，电容器 CJX—250—0.33—±10% 各部分的含义为：

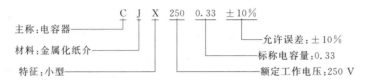

表 15-6 列出了电容器的型号命名规则，即各种类型的电容器的型号命名中各个部分的表示字母和含义。

表 15-6　电容器型号命名规则

第一部分		第二部分		第三部分		第四部分
用字母表示主称		用字母表示材料		用字母表示特征		用字母或数字表示序号
符　号	意　义	符　号	意　义	符　号	意　义	
C	电容器	C	瓷　介	T	铁　电	包括品种、尺寸代号、温度特性、直流工作电压、标称值、允许误差、标准代号
		I	玻璃釉	W	微　调	
		O	玻璃膜	J	金属化	
		Y	云　母	X	小　型	
		V	云母纸	S	独　石	
		Z	纸　介	D	低　压	
		J	金属化纸	M	密　封	
		B	聚苯乙烯	Y	高　压	
		F	聚四氟乙烯	C	穿心式	
		L	涤纶（聚酯）			
		S	聚炭酸酯			
		Q	漆　膜			
		H	纸膜复合			
		D	铝电解			
		A	钽电解			
		G	金属电解			
		N	铌电解			
		T	钛电解			
		M	压　敏			
		E	其他材料电解			

根据具体情况，一般电容器上除了标注上述型号，还标注有标称容量、额定电压、精度和其他技术指标。

15.2.3　电容器的主要性能指标

1. 电容量

电容量是指电容器加上一定的电压后储存电荷的能力，用字母 C 表示。

2. 标称电容量

标称电容量是指标注在电容器上的"名义"电容量。我国固定式电容器标称系列为 E24、E12、E6 三种(电阻部分已介绍)。电解电容的标称容量参考系列为 1、1.5、2.2、3.3、4.7、6.8(以 μF 为单位)。

3. 允许误差

允许误差是指实际电容量对于标称电容量的最大允许偏差范围。固定电容器的型号命名规格见表 15-6,允许误差如表 15-7 所列。

表 15-7　允许误差等级

级　别	01	02	Ⅰ	Ⅱ	Ⅲ	Ⅳ	Ⅴ	Ⅵ
允许误差/(%)	±1	±2	±5	±10	±20	+20~−30	+50~−20	+100~−10

4. 额定工作电压

额定工作电压是指电容器接入电路后,能够长期可靠地工作,不被击穿所能承受的最大直流电压。电容器在使用时一定不能超过其耐压值,否则会造成电容器损坏,严重时还会造成电容器爆炸。电容器的额定工作直流电压一般都直接标注在电容器表面。部分小型电解电容器额定电压也采用色标法,如用棕色表示额定工作电压为 6.3 V,用灰色表示额定工作电压为 16 V,用红色表示额定工作电压为 10 V。其色标一般标于电容器正极引线的根部。

15.2.4　电容器容量的标注及识别方法

1. 直标法

将标称容量直接标注在电容器上的一种标注方法。容量单位有 F(法拉)、mF(毫法)、μF(微法)、nF(纳法)、pF(皮法)。

这里有两种情况,一种是标有单位,可直接读取,如标有"620 pF"的电容器就表示容量为 620 pF。另一种是没标单位,其读法是:凡容量大于 1 的无极性电容器,其容量单位为 pF,如 4 700 表示容量为 4 700 pF;凡容量小于 1 的无极性电容器,其容量电位为 μF,如 0.01 表示容量为 0.01 μF。凡有极性电容器,容量单位为 μF,如 10 表示容量为 10 μF。

2. 文字符号法

文字符号法是将容量的整数部分标注在容量单位的前面,容量的小数部分标注在单位后面,容量单位所占位置就是小数点的位置。如 4n7 就表示容量为 4.7 nF(4 700 pF)。若在数字前标注有 R 字样,则容量为零点几微法。如 R47 就表示容量为 0.47 μF。

3. 数码表示法

该方法是用三位数字表示电容器容量大小。其中前两位数字为电容器标称容量的有效数字,第三位数字表示有效数字后面零的个数,单位是 pF。如 103 就表示容量为 10×10^3 pF。当第三位数字是"9"时,有效数字应乘上 10^{-1}。如 229 就表示容量为 22×10^{-1} pF。

数码表示法与直标法对于初学者来说比较容易混淆,其区别方法是:一般来说直标法的第三位一般为 0,而数码表示法第三位则不为 0。

4. 色标法

电容器色标法原则上与电阻器相同,颜色意义也与电阻器基本相同,其容量单位为 pF。

当电容器引线同向(在电容器的同一端)时,色环电容器的识别顺序是从上到下。

15.2.5　电容器的质量判别与选用

1. 电容器的质量判别

一般利用万用表的欧姆挡可以简单地测试出电解电容器质量的优劣,粗略地判别其漏电、容量衰减或失效等情况。具体方法为:

万用表选用"R×1k"或"R×100"挡,将黑表笔接电容器的正极,红表笔接电容器的负极,若表针摆动大,且返回慢,返回位置接近∞,说明该电容器正常,且电容量大;若表针摆动虽大,但返回时,表针显示的Ω值较小,说明该电容漏电流较大;若表针摆动很大,接近于0Ω,且不返回,说明该电容器已击穿;若表针不摆动,则说明该电容器已开路,失效。

该方法也适用于判别其他类型的电容器,但如果电容器容量较小时,应选择万用表的"R×10k"挡测量。另外,如果需要对电容器再一次测量时,必须将其放电后才能进行。

上面所说的测试判别方法适用于检测容量大于 5 000 pF 的电容器,对于小容量电容器,可借助一个外加直流电压(不能超过被测电容的工作电压,以免击穿),把万用表调到相应直流电压挡,负表笔接直流电源负极,正表笔串联被测电容后接电源负极,根据表针摆动的情况判别电容器的质量,如表 15 - 8 所列。

表 15 - 8　小容量固定电容器的质量判别法

万用表表针摆动情况	小容量电容器质量
接通电源瞬间表针有较大摆幅,然后逐渐返回零点	良好,摆幅越大,容量越大
通电瞬间表针不摆动	电容失效或断路
表针一直指示电源电压而不摆动	短路(击穿)
表针摆动正常,不返回零点	指示电压数越高,漏电越大

如果要求更精确的测量,可以用交流电桥和 Q 表(谐振法)来测量。

2. 电容器的选用

根据各种电容器的特点,在选用电容器时,应根据不同的电路,不同的要求来进行。例如,在电源滤波、退耦电路中选用铝电解电容器;在高频、高压电路中选用瓷介质电容器、云母电容器;在谐振电路中,选用云母电容器、陶瓷电容器、有机薄膜电容器;作隔直流用时可选用涤纶电容器、云母电容器、铝电解电容器等。

15.3　电感器

电感器(又称电感线圈)的应用范围很广泛,它在调谐、振荡、耦合、匹配、滤波、延迟、补偿及偏转聚焦等电路中,都是必不可少的。由于其用途、工作频率、功率、工作环境不同,对电感器的基本参数和结构形式就有不同的要求,从而导致电感器的类型和结构多样化。

15.3.1　电感器的种类及用途

电感器种类很多,分类方法也不同。按照电感量是否固定可分为固定电感器、可变电感器、微调电感器;按结构特点分为单层电感线圈、多层电感线圈、蜂房式电感线圈等。按照电感器芯子介质材料的不同分为空心线圈、铁心线圈和磁心线圈等。

（1）空心线圈

这类线圈在绕制时,线圈中间不加介质材料。空心线圈的绕制方法多种多样,常见的有密绕法、间绕法、脱胎法以及蜂房式绕法等。

密绕法绕制的空心线圈可用于音响系统中音频输出端的分频线圈;脱胎法绕制的空心线圈可用于电视机或调频收音机高频调谐器;蜂房绕法的空心线圈可用于中波波段收音机的高频阻流圈等。

（2）磁心线圈

将导线在磁心、磁环上绕制成线圈或在空心线圈中装入磁心而成的线圈称为磁心线圈。小型固定磁心线圈广泛用于电视机、收录机等家用电子设备中的滤波、振荡、频率补偿等电路中。

（3）可调电感线圈

可调电感线圈是在空心线圈中插入位置可变的磁心而构成。当旋动磁心时,改变了磁心在线圈中的位置,即改变了电感量。可调磁心线圈在无线电接收设备的中、高频调谐电路中被广泛采用。

（4）扼流线圈

扼流线圈又称阻流线圈,有高频扼流线圈和低频扼流线圈之分。高频扼流线圈是在空心线圈中插入磁心,主要用来阻止电路中高频信号的通过;低频扼流线圈是在空心线圈中插入硅钢片等铁心材料,用来阻止电路中低频信号的通过。低频扼流线圈常与电容器一起构成电子设备中电源滤波网络。

15.3.2　电感器的型号及命名

电感线圈的命名方法目前有两种,采用汉语拼音字母或阿拉伯数字串表示。电感器的型号命名包括四个部分,这四部分的含义分别为:

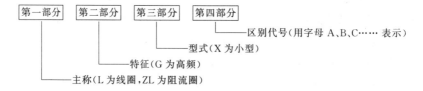

例如,LGX 的含义是小型高频电感线圈。

15.3.3　电感器的识别方法

1. 直标法

直标法是指将电感器的主要参数,如电感量、误差值、最大直流工作电流等用文字直接标注在电感器的外壳上。其中,最大工作电流常用字母 A、B、C、D、E 等标注,字母和电流的对应关系如表 15-9 所列。

例如,电感器外壳上标有 3.9 mH、A、Ⅱ 等字标,表示其电感量为 3.9 mH,误差为 Ⅱ 级（±10%）,最大工作电流为 A 挡(50 mA)。

表 15 - 9 小容量固定电容器的质量判别法

字　母	A	B	C	D	E
最大工作电流/mA	50	150	300	700	1 600

2. 色标法

色标法是指在电感器的外壳涂上各种不同颜色的环，用来标注其主要参数。识读色环时，最靠近某一端的第一条色环表示电感量的第一位有效数字，第二条色环表示第二位有效数字，第三条色环表示 10^n 倍乘数，第四条表示误差。其数字与颜色的对应关系和色环电阻标注法相同，单位为微亨（μH）。

例如，某一电感器的色环标志依次为：棕、红、红、银，表示其电感量为 $12 \times 10^2 \, \mu H$，允许误差为 $\pm 10\%$。

15.3.4 电感器的常见故障及简单检测

电感器的常见故障有以下四种：一是线圈断路，这种故障是由于线圈脱焊、霉断或扭断引起的，通常出现在线圈引出线的焊接点处或弯曲的部分；二是线圈发霉，导致线圈 Q（品质因数）值的下降；三是线圈短路，这种故障多是由于线圈受潮后使导线间绝缘性能降低而造成漏电引起的；四是线圈断股，采用多股导线绕制而成的线圈很容易发生断股，尤其是在引出线的焊接处。

电感器的检测，可用万用表欧姆挡的 $R \times 1$ 挡，通过测量电感器的阻值进行粗略判断。若检测到电感器的阻值较小，则表明电感器内部未断线。电感器内部的局部短路或其他电参数则需通过专用仪器进行检测。

15.4 电子元器件的检验和筛选

为了保证电子整机产品能够稳定、可靠地长期工作，必须在装配前对所使用的电子元器件进行检验和筛选。在正规化的电子整机生产厂中，都设有专门的车间或工位，根据产品具体电路的要求，依照元器件的检验筛选工艺文件，对全部元器件进行严格的"使用筛选"。使用筛选的内容包括外观质量检验、功能性筛选和老化筛选。

15.4.1 外观质量检验

在电子整机厂中，对元器件外观质量检验的一般标准是：

（1）外形尺寸、电极引线的位置及直径应该符合产品标准外形图的规定。

（2）外观应该完好无损，其表面无凹陷、划痕、裂口、污垢和锈斑；外部涂层不能起泡、脱落和擦伤现象；除了光电器件以外，凡用玻璃或塑料封装的，一般应该是不透光的。

（3）电极引出线上应无压折或扭曲，没有影响焊接的氧化层和伤痕。

（4）各种型号、规格标志应该清晰、牢固；特别是那些有参数分档标志和极性符号的元器件，其标志、符号不能模糊不清或脱落。

（5）对于电位器、可变电容或可调电感等元器件，在其调节范围内应该活动平稳、灵活，松紧适当，无机械杂音；开关类元件应该保证接触良好，动作迅速。

　　在业余电子制作时,对元器件外观质量的检验,可以参照上述标准;但有些条款可以适当放宽,有些元器件的毛病可以修复。例如,元器件引线上的锈斑或氧化层可以擦除后重新镀锡,玻璃或塑料封装的元器件表面涂层脱落的可以用油漆涂补,可调元件或开关类元件的机械性能可以经过细心调整改善,等等。但是,这绝不意味着业余制作时可以在装焊前放弃对于电子元器件的检验。

15.4.2　电气性能使用筛选

　　电子整机中使用的元器件,一般需要在长时间连续通电的情况下工作,并且要受到环境条件和其他因素的影响,因此要求它们必须具有良好的可靠性和稳定性。

　　同其他任何产品一样,电子元器件的可靠性是指它的有效工作寿命,即它能够正常完成某一特定电气功能的时间。电子元器件工作寿命的结束,叫做失效。电子元器件的早期失效是十分有害的,但又是不可避免的。因此,怎样剔除早期失效的元器件,使它们在装配焊接时已经进入失效率很低的正常使用阶段,从而保证整机的可靠性,这一直是工业产品生产中的重大研究课题。

　　我们知道,每一台电子整机产品内都要用到很多元器件,在装配焊接之前把元器件全部逐一检验筛选,事实上也是困难的。所以,整机生产厂家在对元器件进行使用筛选时,通常是根据产品的使用环境要求和元器件在电路中的工作条件及其作用,按照国家标准和企业标准,分别选择确定某种元器件的筛选手段。在考虑产品的使用环境要求时,一般要区别该产品是否是军工产品,是否是精密产品、使用环境是否恶劣、产品损坏是否可能带来灾害性的后果等情况;在考虑元器件在电路中的工作条件及作用时,一般要分析该元器件是否是关键元器件、功率负荷是否较大、局部环境是否良好等因素,特别要认真研究元器件生产厂家提供的可靠性数据和质量认证报告。通常,对那些要求不是很高的产品,一般采用随机抽样的方法检验筛选元器件;而对那些要求较高、工作条件严酷的产品,则必须采用更加严格的老化筛选方法来逐个检验元器件。

　　需要特别注意的是,采用随机抽样的方法对元器件进行检验筛选,并不意味着检验筛选是可有可无的,凡是科学管理的企业,即使是对于通过固定渠道进货、经过质量认证的元器件,也都要常年进行定期例行的检验。例行检验的目的,不仅在于验证供应厂商提供的质量数据,还要判断元器件是否符合具体电路的特殊要求。所以,例行试验的抽样比例、样本数量及其检验筛选的操作程序,都是非常严格的。

　　老化筛选的原理及作用是,给电子元器件施加热的、电的、机械的或者多种结合的外部应力,模拟恶劣的工作环境,使它们内部的潜在故障加速暴露出来,然后进行电气参数测量,筛选剔除那些失效或变值的元器件,尽可能把早期失效消灭在正常使用之前。

　　在整机厂里广泛使用的老化筛选项目有高温存储老化、高低温循环老化、高低温冲击老化和高温功率老化等等,其中高温功率老化是目前使用最多的试验项目。高温功率老化是给元器件通电,模拟它们在实际电路中的工作条件,再加上 $+80 \sim +180\ ℃$ 之间的高温进行几个小时至几十小时的老化,这是一种对元器件的多种潜在故障都有筛选作用的有效方法。

　　对于电子技术爱好者和初学者来说,在业余制作之前对电子元器件进行正规的老化筛选一般是不太可能的,通常可以采用的方法是:

（1）自然老化

人们发现，对电阻等多数元器件来说，在使用前经过一段时间（如一年以上）的储存，其内部也会产生化学反应及机械应力释放等变化，使它的性能参数趋于稳定，这种情况叫做自然老化。但要特别注意的是，电解电容器的储存时间一般不要超过一年，这是因为在长期搁置不用的过程中，电解液会干涸，电容量将逐渐减小，甚至彻底损坏。存放时间超过一年的电解电容器，应该进行"电锻老化"恢复其性能；存放时间超过三年的，就应该认为已经失效。注意：电解液干涸或失效的电解电容器，可能在使用中发热以至爆炸。

（2）简易电老化

对于那些工作条件比较苛刻的关键元器件，可以按照图 15－5 所示的方法进行简易电老化。其中，应该采用输出电压可以调整并且未经过稳压的脉动直流电压源，使加在元器件两端的电压略高于额定（或实际）工作电压，调整限流电阻 R，使通过元器件的电流达到 1.5倍额定功率的要求，通电 5 分钟，利用元器件自

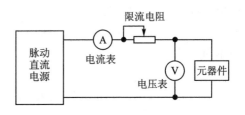

图 15－5　简易电老化电路

身的功耗发热升温（注意不能超过允许温度的极限值），来完成简易功率老化。还可以利用图 15－5 的电路对存放时间超过一年的电解电容器进行电锻老化：先加三分之一的额定直流工作电压半小时，再升到三分之二的额定直流工作电压 1 小时，然后加额定直流工作电压2 小时。

（3）参数性能测试

经过外观检验及老化的元器件，应该进行电气参数测量。要根据元器件的质量标准或实际使用的要求，选用合适的专用仪表或通用仪表，并选择正确的测量方法和恰当的仪表量程。测量结果应该符合该元器件的有关指标，并在标称值允许的偏差范围内。具体的测试方法，这里不再详述，但有两点是必须注意的：

第一，绝不能因为元器件是从商店买来的"正品"而忽略测试。很多初学者由于缺乏经验，把未经测试检验的元器件直接装焊到电路上。假如电路不能正常工作，就很难判断原因，结果使整机调试陷入困境，即使后来查出了失效的元器件，也因为已经做过焊接，售货单位不予退换。

第二，要学会正确使用测量仪器仪表的方法，一定要避免由于测量方法不当而引起的错误或不良后果。例如，用晶体管特性测试仪测量三极管或二极管时，要选择合适的功耗限制电阻，否则可能损坏晶体管；用指针式万用表测量电阻时，要使指针指示在量程刻度中部的三分之一范围内，否则读数误差很大，等等。

第 16 章　焊接技术

　　一切电子产品,都是由零部件和元器件按一定的工艺、方法连接而成的。最常用的连接方法就是焊接。因此,焊接是电子设备制造中极为重要的一个环节。任何一个设计精良的电子装置,没有相应的工艺保证是难以达到技术指标的。从元器件选择、测试,直到装配成一台完整的电子设备,需经过多道工序。在专业生产中,多采用自动化流水线。但在产品研制、设备维修,乃至一些生产厂家的生产中,目前仍广泛应用手工装配焊接方法。本章主要介绍手工锡焊技术与工艺。

16.1　焊接工具

16.1.1　电烙铁

　　电烙铁是手工焊接的基本工具,其作用是加热焊料和被焊金属,使熔融的焊料润湿被焊金属表面并生成合金。随着对焊接质量的需要和焊接技术的发展,电烙铁的种类也不断增多。电烙铁有外热式电烙铁、内热式电烙铁、恒温电烙铁、吸锡电烙铁等多种类型。下面重点介绍外热式电烙铁和内热式电烙铁。

1. 外热式电烙铁

　　外热式电烙铁是应用广泛的普通型电烙铁,其外形及结构如图 16 - 1 所示。它由烙铁头、烙铁芯、外壳、木柄、后盖、电源线和插头等几部分组成。烙铁芯是用电阻丝绕在薄云母片绝缘筒子上,烙铁头安装在烙铁芯里面,故称外热式电烙铁。

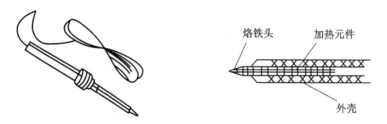

图 16 - 1　外热式电烙铁的外观及内部结构

　　外热式电烙铁一般有 20 W、25 W、30 W、50 W、75 W、100 W、150 W、300 W 等多种规格。功率越大,烙铁的热量越大,烙铁头的温度越高。焊接印制电路板时,一般使用 25 W 电烙铁。如果使用的烙铁功率过大,温度太高,则容易烫坏元器件或使印制电路板的铜箔脱落;如果烙铁的功率太小,温度过低,则焊锡不能充分熔化,会造成焊点的不光滑,不牢固。所以对电烙铁的功率应根据不同的焊接对象,合理选用。

　　外热式电烙铁的特点是:构造简单,价格便宜,但热效率低,升温慢,体积较大,烙铁的温度只能靠改变烙铁头的长短和形状来控制。其烙铁头的形状如图 16 - 2 所示。

圆斜面式,通用　　　圆锥式　　凿式,长焊点　　　弯头式,大功率

半凿式,较长焊点　　　尖锥式,密集焊点　　　斜面复合式,通用

图 16 - 2　烙铁头的形状

2. 内热式电烙铁

内热式电烙铁的外形如图 16 - 3 所示,它由烙铁头、烙铁芯、连接杆、手柄几部分组成。烙铁芯采用镍铬电阻丝缠绕在瓷管上,再在电阻丝外面套有高温瓷管。因烙铁芯装在烙铁头的里面,故称内热式电烙铁。

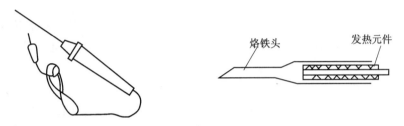

烙铁头　　　发热元件

图 16 - 3　内热式电烙铁的外观及内部结构

内热式电烙铁的特点是:体积小、重量轻、升温快、耗电省、热效率高。但因烙铁芯的镍铬电阻丝较细,很容易烧断;另外,瓷管易碎,不耐敲击。

内热式电烙铁的规格有 20 W、30 W、50 W 等,主要用于印制电路板的焊接,是手工焊接半导体器件的理想工具。

应该注意,新烙铁通电前,一定要先浸松香水,否则表面会生成难镀锡的氧化层。

16. 2　焊接材料

焊接材料包括焊料(俗称焊锡)和焊剂(又称助焊剂)。掌握焊料、焊剂的性质、作用原理及选用知识,是焊接工艺中的重要内容。

16.2.1　焊　料

焊料是易熔金属,熔点应低于被焊金属。焊料熔化时,在被焊金属表面形成合金而与被焊金属连接到一起。焊料按成分分类,有锡铅焊料、银焊料、铜焊料等。在一般电子产品装配中,主要使用锡铅焊料,俗称为焊锡。

1. 焊　锡

焊锡是铅和锡以不同的比例熔成的合金。锡是一种质软、低熔点的金属,其熔点为 232 ℃。纯锡较贵,质脆而机械性能差;在常温下,锡的抗氧化性强,金属锡在高于 13.2 ℃时呈银白色,低于 13.2 ℃时呈灰色,低于 -40 ℃变成粉末。铅是一种浅青色的软金属,熔点为 327 ℃,机械性能差,可塑性好,有较高的抗氧化性和抗腐蚀性。当铅和锡以不同的比例熔成锡铅合金以后,熔点和其他物理性能都会发生变化。

一般把锡铅合金焊料中锡占 63％、铅占 37％的焊锡称为"共晶焊锡",它是比较理想的焊锡,也是一般常使用的焊锡。

焊锡在整个焊接过程中,铅几乎不起反应。但在锡中加入铅可获得锡和铅都不具备的优良特性。

2．共晶焊锡的优良特点

(1) 熔点低。铅的熔点为 327 ℃,锡的熔点为 232 ℃,而"共晶焊锡"的熔点只有 183 ℃,这样使得焊接温度低,防止损害元器件。

(2) 无半液态。由于熔点和凝固点一致而无半液体状态,可使焊点快速凝固,从而避免虚焊。这对自动焊接有重要意义。

(3) 表面张力低。表面张力低,焊料的流动性就强,对被焊物有很好的润湿作用,有利于提高焊点质量。

(4) 抗氧化能力强。锡和铅合在一起后,提高了其化学稳定性,焊点表面不易氧化。

(5) 机械特性好。共晶焊锡的拉伸强度、折断力、硬度都较大。并且结晶细密,所以其机械强度高,在电子产品装配中,使用的焊锡多为"共晶焊锡"。

3．焊锡成分与电导率的关系

焊锡的电导率是一个很重要的参数,但往往被忽略。共晶焊锡具有铜线 1/10 的电导率,即具有铜线 10 倍的电阻率。当有大电流流经焊接部位时,必须要注意它的压降及发热情况。因此,对大电流通过的部位,印制导线除了要加宽加厚外,被焊物还应采取绕焊。

16.2.2　焊　剂

焊剂是指焊接时用于去除被焊金属表面氧化层及杂质的混合物质,由于电子设备的金属表面同空气接触后都会生成一层氧化膜,温度越高氧化越厉害。这层氧化膜阻止液态焊锡对金属的浸润作用,犹如玻璃上沾上水会使水不能浸润一样。焊剂就是用于清除氧化膜,保证焊锡润湿的一种化学剂。但它仅起到清除氧化膜的作用,不可能除掉焊件上的所有污物。焊剂的种类很多,一般可分为三大类。

1．无机焊剂

无机焊剂包括酸(正磷酸、盐酸、氟酸等)和盐($ZnCl$、NH_4Cl、$SnCl_2$ 等)。它的活性最强,常温下即能除去金属表面的氧化膜,但很容易损伤金属及焊点,电子焊接中使用较少。这种焊剂是用机油乳化后制成的一种膏状物质,俗称焊油。它虽然活性很强,焊后可用溶剂清洗,但在元器件焊点中,如接线柱空隙、导线绝缘皮内元件根部等溶剂难以达到的部位很难清除,因此除非特别准许,一般情况下不得使用。

2．有机焊剂

有机焊剂包括有机酸(硬脂酸、乳酸、油酸、氨基酸等)、有机卤素(盐酸、苯胺等)、胺类(尿素、乙二胺等)。此类焊剂具有一定的腐蚀性,不易清洗,所以使用场合也受到限制。

3．松香基焊剂

松香基焊剂包括松香焊剂、活化香剂、氢化松香等,在电子产品中普遍使用的是松香焊剂,松香是将松树和杉树等针叶树的树脂进行水蒸气蒸馏,去掉松节油后剩下的不挥发物质就是松香。

松香的助焊能力和电气绝缘性能好、不吸潮、无毒、无腐蚀、价格低,因而被广泛采用,制好的印制板,最后涂上松香水(松香＋酒精),比例一般为 1∶3。松香不但具有助焊能力,而且还可防止铜的氧化,有利于焊接。

应该注意,松香反复加热后会炭化(发黑)而失效,因此发黑的松香不起作用。

氧化松香是一种新型焊剂,比松香具有更多的优点,更适于电子产品的超密度、小型化、可靠性高的要求。

焊剂的作用除了去除氧化物外,还可防止金属继续氧化和提高焊锡的流动性。在焊接过程中,由于温度过高,会使金属表面氧化加速,而焊剂会在整个金属表面上形成一层薄膜,包住金属,使其同空气隔绝,从而保护焊点不会在高温下继续氧化。

熔化后的焊料处于固体金属表面上,由于受表面张力的作用,力图变成球状;而焊剂可增加焊料流动性,排开熔化焊料表面的氧化物。

16.3　手工焊接技术

在电子产品装配中,要保证焊接的高质量相当不容易,因为手工焊接的质量受很多因素的影响和控制。一个良好焊点的产生,除了焊接材料具有可焊性、焊接工具(电烙铁)功率合适、采用正确的操作方法外,最重要的是操作者的技能。只有经过相当长时间的焊接练习,才能掌握焊接技术。

16.3.1　焊接操作姿势

电烙铁握法有三种,如图 16-4 所示。反握法动作稳定,长时间操作不易疲劳,适于大功率烙铁的操作。正握法适于中等功率烙铁或带弯头电烙铁的操作。一般在操作台上焊印制板等焊件时,多采用握笔法。

(a) 反握法　　　(b) 正握法　　　(c) 握笔法

图 16-4　电烙铁的基本握法

焊锡丝一般有两种握法,如图 16-5 所示。

(a) 连续锡焊时焊锡丝的拿法　　　(b) 断续锡焊时焊锡丝的拿法

图 16-5　焊锡丝的握法

16.3.2　焊接操作的基本步骤

下面介绍的五步焊接法有普遍意义,如图 16 - 6 所示。

(1) 准备阶段。烙铁头和焊锡丝同时移向焊接点,如图 16 - 6(a)所示。

(2) 加热焊接部位。把烙铁头放在被焊部位上进行加热,如图 16 - 6(b)所示。

(3) 送入焊锡丝。被焊部位加热到一定温度后,立即将左手中的焊锡丝放到焊接部位,熔化焊锡丝,如图 16 - 6(c)所示。

(4) 移开焊锡丝。当焊锡丝熔化到一定量后,迅速撤离焊锡丝,如图 16 - 6(d)所示。

(5) 移开烙铁。当焊料扩散到一定范围后,移开电烙铁。如图 16 - 6(e)所示。

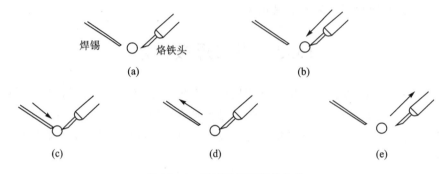

图 16 - 6　手工焊接五部操作法

对于小热容量焊件而言,上述整个过程不过 2～4 s。各步时间的控制,时序的准确掌握,动作的协调熟练,都应该通过实践和用心体会才能掌握。

16.3.3　烙铁头撤离法

烙铁头的主要作用是加热被焊件和熔化焊锡,不仅如此,合理利用烙铁头还可控制焊料量和带走多余的焊料,这与烙铁头撤离时的方向和角度有关。

(1) 烙铁头以斜上方 45°角方向撤离,可使焊点圆滑,烙铁头只能带走少量焊料;

(2) 烙铁头垂直向上撤离,容易造成焊点拉尖,烙铁头也能带走少量焊料;

(3) 烙铁头以水平方向撤离,烙铁头可带走大部分焊料;

(4) 烙铁头沿焊接面垂直向下撤离,烙铁头带走大部分焊料;

(5) 烙铁头沿焊接面垂直向上撤离,烙铁头只带走少量焊料。

可见,掌握烙铁头的撤离方法,能控制焊料量或吸去多余焊料,从而使焊点焊料量符合要求。

16.3.4　焊接注意事项

(1) 烙铁头的温度要适当

若烙铁头的温度过高,熔化焊锡时,焊锡中的焊剂会迅速熔化,并产生大量烟气,使颜色很快变黑;若烙铁头的温度过低,则焊锡不易熔化,会影响焊接质量。一般烙铁头的温度控制在使焊剂熔化较快又不冒烟时的温度。

(2) 焊接时间要适当

焊接的整个过程从加热被焊部位到焊锡熔化并形成焊点,一般在几秒钟之内完成。如果是印制电路板的焊接,一般以 2～3 s 为宜。焊接时间过长,焊料中的焊剂就完全挥发,失去助焊作用,使焊点表面氧化,会造成焊点表面粗糙、发黑、不光亮等缺陷。同时焊接时间过长、温度过高还容易烫坏元器件或印制板表面的铜箔。若焊接时间过短,又达不到焊接温度,焊锡不能充分熔化,影响焊剂的润湿,易造成虚假焊。

(3) 焊料和焊剂的使用要适当

手工焊接使用的焊料一般采用焊锡丝,因其本身带有一定量的焊剂,焊接时已足够使用,故不必再使用其他焊剂。焊接时还应注意焊锡的使用量,不能太多也不能太少。焊锡使用过多,焊点太大,影响美观,而且多余的焊锡会流入元器件引脚的底部,可能造成引脚之间的短路或降低引脚之间的绝缘;若焊锡使用的过少,易使焊点的机械强度降低,焊点不牢固。

(4) 焊点凝固过程中不要触动焊点

焊点形成并撤离烙铁头以后,焊点上的焊料尚未完全凝固,此时即使有微小的振动也会使焊点变形,引起虚焊。因此,在焊点凝固的过程中,不要触动焊接点上的被焊元器件或导线。

16.3.5　焊点要求及质量检查

焊接是电子产品制造中最主要的一个环节,一个虚焊点就能造成整台仪器设备的失灵。要在一台有成千上万个焊点的设备中找出虚焊点并不是件容易的事。据统计,现在电子设备中故障的近一半是由于焊接不良引起的。观察一台仪器的焊点质量,可看出制造厂家的工艺水平,了解一个电子工作者焊接操作水平,就可以估价他的基本功。

1. 对焊点的要求

(1) 可靠的电连接

电子产品的焊接是同电路通断情况紧密相连的。一个焊点要能稳定、可靠地通过一定的电流,没有足够的连接面积和稳定的组织是不行的。因为焊锡连接不是靠压力,而是靠结合层形成牢固连接的合金层达到电连接目的。如果焊接仅仅是将焊料堆在焊件表面,或只有少部分形成合金层,那么在最初的测试和工作中也许不能发现焊点不牢。随着条件的改变和时间的推移,接触层氧化,脱焊出现了,电路将时通时断,或者干脆不工作。而这时观察外表,电路依然是连接的,这是电子仪器使用中最头疼的问题,也是仪器制造者必须十分重视的问题。

(2) 足够的机械强度

焊接不仅起电连接作用,同时也是固定元器件保证机械连接的手段,因而就有机械强度的问题。要想增加强度,就要有足够的连接面积。当然,如果是虚焊点,焊料仅仅堆在焊盘上,自然谈不到强度了。另外,常见的缺陷是焊锡未流满焊点,或焊锡量过少,因而强度较低,还有焊接时,焊料尚未凝固就使焊件振动而引起的焊点结晶粗大(像豆腐渣状),或有裂纹,从而影响机械强度。

(3) 光洁整齐的外观

良好的焊点要求焊料用量恰到好处,外表有金属光泽,没有拉尖、桥接等现象,并且不伤及导线绝缘层及相邻元件。良好的外表是焊接质量的反映,例如,表面有金属光泽,是焊接温度合适、生成合金层的标志,而不仅仅是外表美观的要求。

2. 典型焊点的外观及检查

图 16-7 是两种典型焊点的外观,其共同要求是:

(1) 外形以焊接导线为中心,匀称、呈裙形拉开;

(2) 焊料的连接面呈半弓形凹面,焊料与焊件交界处平滑,接触脚尽可能小;

(3) 表面有光泽且平滑;

(4) 无裂纹、针孔、夹渣。

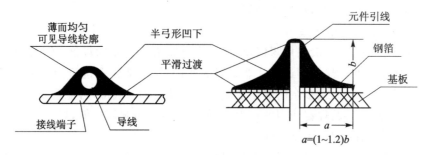

图 16 - 7　典型焊点外观

对焊点外观的检查,除目测(或借助放大镜、显微镜观测)焊点是否合乎上述标准外,还包括检查以下各项:① 漏焊;② 焊料拉尖;③ 焊料引起导线间短路(所谓"桥接");④ 导线及元器件绝缘的损伤;⑤ 布线整形;⑥ 焊料飞溅。检查时,除目测外,还要用指触、镊子拨动、拉线等,检查有无导线断线、焊盘剥离等缺陷。

检验一个焊点是否虚焊最可靠的办法就是重新焊一下;用满带松香焊剂、缺少焊锡的烙铁重新熔融焊点,若有虚焊,其必然暴露无疑。

16.3.6　通电检查

通电检查必须是在外观检查及连线检查无误后才可进行的工作,也是检验电路性能的关键步骤。如果不经过严格的外观检查,通电检查不仅困难较多,而且有损坏设备仪器、造成安全事故的危险。例如,电源连线虚焊,那么通电时,就会发现设备加不上电,当然无法检查。通电检查可以发现许多微小的缺陷,例如,用目测观察不到的电路桥接、内部虚焊等。

16.3.7　常见焊点的缺陷及分析

造成焊接缺陷的原因很多,但主要可从焊料、焊剂、烙铁、夹具这四要素中去寻找。在材料(焊料与焊剂)与工具(烙铁、夹具)一定的情况下,采用什么方式方法以及操作者是否有责任心,就是决定性的因素了。表 16 - 1 为常见焊点的缺陷与分析。

表 16 - 1　常见焊点缺陷分析

焊点缺陷	外观特点	危　害	原因分析
焊料过多	焊料面呈凸形	浪费焊料且可能包藏缺陷	焊丝撤离过迟
拉　尖	出现尖端	外观不佳,容易造成桥接现象	① 助焊剂过少,而加热时间过长 ② 烙铁撤离角度不当

焊点缺陷	外观特点	危　　害	原因分析
桥接	相邻导线连接	电气短路	① 焊锡过多 ② 烙铁撤离方向不当
针孔	目测或低倍放大镜可见有孔	强度不足,焊点容易腐蚀	焊盘孔与引线间隙太大
气泡	引线根部有时有喷火式焊料隆起,内部藏有空洞	暂时导通,但长时间容易引起导通不良	引线与孔间隙过大或引线浸润性不良
剥离	焊点剥落(不是铜箔剥落)	断路	焊盘镀层不良
焊料过少	焊料未形成平滑面	机械强度不足	焊丝撤离过早
松香焊	焊缝中夹有松香渣	强度不足,导通不良,有可能时通时断	① 加焊剂过多,或已失效 ② 焊接时间不足,加热不足 ③ 表面氧化膜未去除
过热	焊点发白、无金属光泽,表面较粗糙	焊盘容易剥落,强度降低	烙铁功率过大,加热时间过长
冷焊	表面呈豆腐渣状颗粒,有时可有裂纹	强度低,导电性不好	焊料未凝固前焊件抖动或烙铁功率不够
浸润不良	焊料与焊件交壤面接触角过大,不平滑	强度低,不通或时通时断	① 焊件清理不干净 ② 助焊剂不足或质量差 ③ 焊件未充分加热
不对称	焊锡未流满焊盘	强度不足	① 焊料流动性不好 ② 助焊剂不足或质量差 ③ 助热不足

焊点缺陷	外观特点	危　害	原因分析
松　动	导线或元器件引线可移动	导通不良或不导通	① 焊锡未凝固前引线移动造成空隙 ② 引线未处理好（浸润差或不浸润）

16.3.8　拆　焊

在电子产品的调试、维修工作中,常常需更换一些元器件。更换元器件的前提,首先应将需更换的元器件拆焊下来,若拆焊的方法不当,就会造成印制电路板或元器件的损坏。

对于一般电阻、电容、晶体管等引脚不多的元器件,可以用电烙铁直接进行分点拆焊。方法是一边用烙铁加热元器件的焊点,一边用镊子或尖嘴钳夹住元器件的引线,轻轻地将其拉出来。但这种方法不宜在一个焊点上多次使用,因印制导线和焊盘经过反复加热以后很容易脱落,造成印制板的损坏。

当要拆下有多个焊点且引线较硬的元器件时,采用分点拆焊就较困难。在拆卸多个引脚的集成电路或中等元器件时,一般要采用专用的工具或采用吸锡烙铁或吸锡器。

第 17 章　印制电路板的设计与制作

印制电路板亦称印刷线路板,通常又称印刷板或 PCB(Printed Circuit Board)。印制电路板是现代整机设备中不可缺少的关键部件。我们所见的电子产品,小到电脑、BP 机和电子手表,大到巨型计算机、程控交换机和卫星,无一不是由形形色色的电子元器件组成的,而这些元器件的载体和相互所依靠的正是印制电路板。不断发展的 PCB 技术使电子产品的设计走向标准化、规模化、机械化和自动化,使电子产品的体积越来越小,成本逐步降低,可靠性、稳定性提高,装配、维修越来越简单。没有印制电路板,就没有现代电子信息产业的高速发展。

17.1　印制电路板的基础知识

17.1.1　印制电路板的主要工艺和组成

1. 印制电路

在绝缘基材上,按预定设计,制成印制线路、印制元件或由两者结合而成的导电图形,称为印制电路。

在绝缘基材上,提供元器件之间电气连接的图形,称为印制线路,它不包括印制元件。

印制电路或者印制线路的成品板称为印制电路板或者印制线路板,亦称印制板。印制电路板是电子工业的重要部件之一。几乎每种电子设备,小到电子手表、计算器,大到计算机,通讯电子设备,军用武器系统,只要有集成电路等电子元器件,为了它们之间的电气互连,都要使用印制板。在较大型的电子产品研究过程中,最基本的成功因素是该产品的印制板的设计、文件编辑和制造。印制板的制造和装配质量直接影响到整个产品的质量和成本,甚至导致商业竞争的成败。

若在印制电路板上连接有电气元件和机械零件,并且已完成了安装、焊接和涂覆等全部工艺过程的称为印制电路板组件。

2. 导　线

印制电路板的基板一般是由绝缘、隔热、不易弯曲的材质制作而成,这种基板就是通常所说的敷铜板,全称为敷铜箔层压板。它主要由三个部分组成:铜箔,其纯度大于 99.8%,厚度为 $18\sim105~\mu m$(常用为 $35\sim50~\mu m$)的纯铜箔;树脂(黏合剂),常用酚醛树脂、环氧树脂和聚乙烯等;增强材料,常用纸质和玻璃布。

在印制电路板的基板表面上可以看到的细小线路材料是铜箔,原本铜箔是覆盖在整个板子上的,而在制造过程中部分铜箔被蚀刻掉,留下来的铜箔就变成网络状的细小线路了。这些线路被称作导线,并用来提供印制电路板上元器件的电路连接。

3. 焊　盘

焊盘用于固定元器件引脚或引出连线、测试线等。为了将元器件固定在印制电路板上面,可将它们的引脚直接焊在焊盘上,焊盘有圆形、矩形等多种形状。

4. 元件面和焊接面

在最基本的印制电路板(单面板)上,元器件都集中在其中一面,导线则都集中在另一面。这样一来,就需要在板子上打孔,以使元器件的引脚穿过板子到另一面,所以元器件的引脚是焊接在另一面上的。正因为如此,印制电路板的正反面分别被称为元器件面和焊接面。

5. 板　　层

印制电路板可以由许多层面构成。板层分为敷铜层和非敷铜层,平常所说的几层板是指敷铜层的层面数。一般地,在敷铜层放置焊盘(对应元器件引脚)、线条等完成电连接;在非铜层放置元器件描述字符或注释字符。还有一些层面(如禁止布线层)用来放置一些特殊的图形来实现一些特殊的功能或指导生产。

敷铜层一般包括顶层(又称元器件面)、底层(又称焊接面)、中间层和电源层、地线层等。非敷铜层包括机械层、阻焊层、阻粘层、丝印层和禁止布线层等。设计电路板时经常会在各层面之间转换,以进行不同的设计,这种转换在敷铜层之间尤其频繁。

6. 过　　孔

在多层印制电路板中,把两个外层连接在一起的"线条"叫过孔;连接内部任意两个层的过孔叫埋孔;连接外层与任意一个内层的过孔叫盲孔。

17.1.2　印制电路板的作用

(1) 为电阻、电容、电感、晶体管、集成电路等元器件提供固定和装配的机械支撑;

(2) 它实现了电阻、电容、电感、晶体管、集成电路等元器件之间的布线和电气连接,满足其电气特性;

(3) 为电子装配工艺中元件的检查、维修提供了识别字符和图形;

(4) 为波峰焊接提供了阻焊图形。

17.2　印制电路板的设计

17.2.1　印制电路板的设计步骤

印制电路板的设计是根据电原理图要求、元器件的外形尺寸来进行的,一般有手工设计和计算机辅助设计等方法。现以计算机辅助设计为例,介绍印制电路板的设计步骤。

1. 设计电原理图

设计电原理图,是印制电路板设计的第一步。电原理图有助于了解电路的工作原理和组成,各功能电路的相互关系及信号流程。只有依据正确的电原理图,才能设计出正确的印制电路板图。

2. 生成网络表

网络表中包含有元器件描述和电连接关系的描述,是 ASCII 码文件,是印制电路板设计软件与原理图设计软件的接口。网络表文件可以由 CAD 软件根据电原理图自动生成,也可以用文字编辑软件编辑。当然,由于电原理图比网络表文件直观、易读且修改方便,因而在实际工作时,绝大多数的网络表是用 CAD 软件自动生成。

3. 启动并设置印制电路板设计软件

对于第一次启动印制电路板设计软件,了解并设置其工作环境是很重要的。通过设置工作环境,可以将元器件布局参数、布线参数、板层参数和界面等设置成个人习惯(喜爱)的方式。以后再启动印制电路板设计软件时,只作必要的参数修改即可。

4. 布　局

布局就是将元件或组件放在合适的位置,以后在布局结构上进行布线。布局是印制电路板设计的一个非常重要的环节。布局的好坏,不仅影响布通率,甚至可能会影响电路板的性能。

这一步,首先应该有一个大致的规划,如电路板做多少层,板子大致多大,板子的大致形状,接插件的位置等,这些都在一定程度上影响着布局。

要高效地布局,首先要根据自己对电路板尺寸、形状、接插件位置、电路原理以及排版的某些特殊要求等已经知道的约束条件,在纸上作一个草略的布局,以指导在计算机上进行布局。

利用网络表,由 CAD 软件自动地装入元器件封装图形之后,用 CAD 软件也可以进行自动布局。自动布局的结构一般不会太理想,经常需要手工再作一些调整。

复杂电路的布局往往需要反复修改,甚至有可能在布线结束时由于某些问题,还要回过头来修改布局。布局是电路板设计中很费精力的事情,要认真、耐心地对待。

5. 布　线

布线就是在印制电路板设计图上,通过布置线条来实现元器件引脚间的电连接,实现电路设计所预定的功能。这是印制电路板设计的另一重要任务。布线的好坏,有时也会对电路性能产生明显的影响。

放置线条的工作由手工完成的,称为手工布线;由计算机完成的,称为自动布线。手工布线效率低,但效果较好;自动布线效率高,效果较差。

17.2.2　印制电路板的设计原则(要求)

印制电路板的设计是一个技术性和技巧性都比较强的工作,设计印制电路板不是简单地将元器件之间用印制导线连接就行了,而是要考虑电路的特点和要求。例如,高频电路对低频电路的影响,各元器件之间是否产生了有害的干扰,以及热传递方面的影响。同样的电路从原理上讲都是可以实现的,但由于元件的布局不合理或印制导线走线存在缺陷,致使设计出来的电路可靠性下降,有的甚至无法实现原理的功能,为此,在设计印制电路板时要充分考虑元器件的摆放位置,印制导线的走线。这里介绍一些设计印制电路板时要注意的问题和设计原则。

1. 元件布局排版合理

印制电路板的布局是把电子元器件,正确放置在一定面积印制板上的过程,是设计印制电路的第一步。布局设计不单纯是按照原理图把元件通过铜箔走线简单地连接起来,为使整机能够稳定可靠地工作,要对元器件及其连线在印制电路板上进行合理的排版布局。

(1) 按照信号流走向布局排版

信号流安排为从左到右(左输入、右输出)或从上到下(上输入、下输出)。布局要便于信号流通,并使信号流尽可能保持一致的方向。与输入、输出端直接相连的元件应当放在靠近输入、输出连接的地方。

(2) 以核心元件为中心

在一般情况下,可以以某个功能电路的核心元件为中心,围绕它来进行布局。例如,以晶体管或集成电路等作为核心元件,依据它们的位置,排布其他元件。

(3)了解元器件外形及引线方式

布局时要清楚所用元器件的外形尺寸和引线方式,并确定元器件在印制电路板上的装配方式(立式或卧式)。以缩短电路为目的,调整它们的方向及位置。

(4)优先确定特殊元件的位置

设计印制电路板的版面、决定整机电路布局的时候,应该分析电路原理图,首先确定特殊元件的位置,然后再安排其他元件,尽量避免可能产生干扰的因素,并采取措施,使印制电路板上可能产生的干扰得到最大限度的抑制。

所谓特殊元件是指那些从电、磁、热、机械强度等几方面对整机性能产生影响或根据操作要求而固定位置的元件。

① 要考虑发热元件的散热以及热量对周围元器件的影响。对于大功率管要考虑留出散热板的安装位置。不要把几个发热元件放在一起,对于温度敏感元件要尽可能地远离发热件。

② 对相互可能产生影响或干扰的元件应当尽量分开或采取屏蔽措施。例如,输入、输出变压器应垂直放置,磁性天线要远离扬声器,强电部分(220 V)和弱电部分(直流电源供电)、输入级和输出级的元件应当尽量分隔开,缩短高频部分元件之间的连线,减小它们的分布参数和相互间的电磁干扰。

③ 对于比较重的元器件,如电源变压器、大电解电容器和带散热片的大功率晶体管等,一般不要直接固定安装在印制电路板上,应当把它们固定在机箱底板上。如果必须安装在印制电路板上,应尽可能地靠近印制板固定端的边缘位置,以防止印制板的变形。不能只靠焊盘焊接固定,应当采用支架或卡子等辅助固定措施。

④ 对于电位器、可变电容器、可调电感线圈等调节元件的布局,要考虑整机结构的安排。如果是机外调节,其位置要与调节旋钮在机箱面板上的位置相适应;如果是机内调节,则应放在印制电路板上方便调节的地方。

⑤ 当印制电路板的板面尺寸大于 200 mm×150 mm 时,考虑到印制电路所承受的重力和振动产生的机械应力,应该采用机械边框加固,以免变形。

(5)印制电路板上元器件的布置

要均匀,密度要一致,尽量做到横平竖直,不允许将元器件斜排及交叉重排。一般元件应该布设在印制电路板的一面,并且每个元件的引出脚要单独占用一个焊盘。相邻的两个元件之间,高度要一致,要保持一定的间距,间距不得过小,避免相互碰接。元件不要占满板面,注意板边四周要留有一定空间,位于印制电路板边上的元件,距离板的边缘至少应该大于 3 mm。

2. 印制导线的选择

印制导线具有一定的电阻,当电流通过时,要产生热量和一定的压降,导线宽度不同,允许通过的电流也不同,因而不同的电流就要选择不同宽度的印制导线。另外印制板的铜箔粘贴强度有限,如果印制导线的图形设计不妥,在焊接中往往会造成翘起和剥脱等现象。为此选用合适的印制导线是很重要的。

(1)印制导线的宽度

常用的印制导线宽度为 0.5 mm、1.0 mm、1.5 mm 等几种。同一块印制板上,除地线外,其他印制导线的宽度应尽可能均匀一致。导线的宽度不能过小,一般均应大于 0.4 mm。对流过大电流的印制导线可放宽到 2~3 mm。对于电源线和公共地线,在布线允许的条件下可放宽到 4～5 mm,甚至更宽。

（2）印制导线的间距

印制导线之间的距离将直接影响着电路的绝缘强度、分布电容等电气性能。当频率不同时,即使印制导线的间距相同,其绝缘强度也是不同的。频率越高时,相对绝缘强度就会下降。导线间距越小,分布电容就越大,电路稳定性就越差。尤其是在高频状态下的电路产生的影响就更大。为此,印制导线的最小间距应大于或等于 0.5 mm,当导线间电压超过 300 V 时,其间距应大于 1.5 mm。

（3）印制导线的分支与形状

在设计时,应尽量避免印制导线分支。印制导线不应有尖角和急剧弯曲,印制导线与焊盘的连接应平稳过渡。常见的印制导线的形状好与不好对比如图 17 - 1 所示。

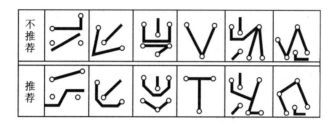

图 17 - 1　印制导线形状对比

在进行印制导线布线的时候,应该先考虑信号线,后考虑电源线和地线。各元器件之间的导线不能交叉,如果无法避免,可采用在印制板的另一面跨接引线的办法。只要板上的面积及印制导线走线密度允许,应该尽可能采用较宽的印制导线走线,特别是电源线、地线及大电流的信号线,更要适当加大宽度。印制导线宽窄适度,保持最大而相等的间距,与整个版面及焊盘的大小相协调。

3. 焊盘的设计要求

焊盘是一个与印制导线连接的圆环。常用焊盘的形状如图 17 - 2 所示。焊盘的环宽一般为 0.5～1.5 mm。引线孔直径一般比元器件引线的直径大 0.2～0.3 mm,如穿孔太大,则会焊接不良,机械强度不好。一般引线孔直径为 0.8～1.3 mm。在设计印制电路板时,应根据

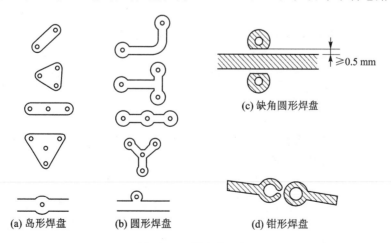

图 17 - 2　焊盘的形状

实际情况和元器件引线的粗细,选择合适的焊盘和引线孔直径。在同一块印制板上,引线孔的直径规格要少一些,尽量避免异形孔,以利于降低成本。

17.3　手工制作印制电路板

印制电路板的批量生产属工业化的生产方式。手工制作印制电路板一般采取一些简易的方式,以便于在产品试制及实验室实训中小批量制作,下面对较普遍采用的印制电路板的手工制作方法作一些介绍。

17.3.1　制作材料与工具

1．敷铜箔板

选择敷铜箔板时,除了要考虑尺寸大小以外,还应注意基板的绝缘材质。对于一般和简单电路(如收音机电路等),可选择价格比较便宜的酚醛纸基敷铜箔板,这种板的绝缘材料多呈黑色或淡黄色。若电路的工作频率较高,应选择适合工作于高频环境的环氧板,这种板的绝缘材料多呈青绿色,略带透明状。由此可见,从板的颜色便可大致区分材料的类别。除考虑敷铜箔板的绝缘材料外,一般情况下,选用 $1\sim1.5$ mm 厚的敷铜箔板为宜,如果印制板面积较大,电路元器件较多或较重,且需要在板上安装波段开关等受力元件时,应选择较厚的敷铜箔板。

2．下料工具

可用钢锯下料,也可自制一些简便工具。如将用断了的钢锯条,在一头装上木柄或用布条缠住,即制成一把小手锯。如果钢锯条的长度有限,则可用砂轮和油石将其加工成划刀,在手握之处包上布条。

3．砂纸或锉刀

印制板裁减以后,其边缘常带有许多毛刺,可用锉刀或砂纸将印制板的四周打磨光滑。

4．木砂纸、去污粉

敷铜箔板在加工、运输和存放过程中,会在表面生成一层氧化膜。为便于印制电路图形的腐蚀,可用水砂纸、去污粉等将铜箔表面清洗干净,去除表面油污及氧化膜。

5．复写纸

运用蓝、黑、红色复写纸,将设计好的印制电路图复写到敷铜板的铜箔面上。

6．描图笔

用来在印制板上描绘印制电路图形。手工描图可用小楷笔(小毛锥)、绘图用鸭嘴笔,也可用蘸水钢笔改制成专用的描图笔。

7．防酸涂料和胶带

主要采用沥青漆、白厚漆等防酸涂料覆盖所需的印制图形。另外还可自制一种效果较好的印制电路板绘图液,其配方为漆片25%,无水乙醇(工业酒精)75%,甲基紫适量。配制时将漆片和无水乙醇一起装入干净的小瓶中,并加盖密封,待 $2\sim3$ 天后漆片完全溶解,再放入适量的甲基紫即可使用。该绘图液干燥速度较快,对铜箔着力强,成膜后质硬耐磨,仅溶于无水乙醇。

另外,也可采用贴图法,在敷铜箔板上制作电路图形,即用塑料胶带或涤纶胶带在印制电路板上贴出电路图来。

8. 腐蚀液

制作印制电路板,大多采用三氯化铁腐蚀液,该腐蚀液可反复使用多次。用三氯化铁有腐蚀作用,使用时应多加小心,用后要注意妥善保存。

9. 容　器

用三氯化铁腐蚀印制板时,必须有一个耐酸的容器来盛放腐蚀液及印制电路板,一般常用塑料、搪瓷、陶瓷等容器。

10. 钻孔工具

印制板上电路图形制作完成后,还需在安装元器件的位置上,钻出一定直径的孔。最方便的钻孔工具是高速转床,不仅打孔速度快,而且钻出的孔眼整齐规则。若无钻床,也可用手电钻打孔。因手电钻的钻头很细,使用时应注意用力的均匀性,防止钻头损坏。

11. 小　刀

印制板腐蚀好之后,可能会有局部线路腐蚀不彻底,出现印制导线边缘有毛刺的现象,这时可用小刀通过修版工作进行清除。

17.3.2　手工制作印制板

手工制作印制板的步骤和过程如下。

1. 下　料

按设计好的印制板尺寸裁剪敷铜板。其做法是先按照尺寸画线,然后用工具或自制的手锯沿线锯下。也可用"划刀"在板的两面一刀刀地划出痕迹来,当划痕足够深时,轻轻用力将板掰开。敷铜箔板裁剪以后,用砂纸或锉刀将裁剪边打磨平整。

2. 清洗敷铜板

采用棉纱蘸去污粉擦洗,或用水砂纸打磨的方法清洗敷铜板,使敷铜板的铜箔面露出原有的光泽,然后用清水清洗干净。清洗后的敷铜板晾干或烘干后,便可进行下一步工作了。

3. 复写印制电路底图

将设计好的印制电路图形用复写纸复写在敷铜箔表面上。复写时,笔的颜色应和底图有所区别,这样便于区别描过的部分和未描过的部分,防止漏描。

4. 覆盖保护材料

在腐蚀印制板之前,应将印制板上有用部分的铜箔用防护材料覆盖起来,其方法有描图法和贴图法两种。

（1）描图法

将防酸涂料(沥青漆、白厚漆或自配制的漆片绘图液等)调成适当的黏度,用绘图笔蘸上防酸涂料,描绘需保留部分的铜箔。描图时,绘图笔上所蘸涂料量要少,并按复写好的图形,仔细涂描一遍即可,不要描得太厚。若所蘸涂料过量,会造成线条不均匀,影响质量。如果描图过程中出现错误或造成斑痕,可暂不予理睬,待全部描绘完毕,涂料完全晾干以后,再用小刀修版,或用棉签蘸少量溶剂进行局部擦洗。如有必要,可重新补描。

（2）贴图法

贴图是用与印制导线宽度相同的塑料胶布条(或涤纶胶带、透明胶纸)贴在需保留铜箔的表面上。贴图时要注意走线整齐,胶布条与铜箔面之间不能有气泡。图形全部贴好之后,即可进行腐蚀。腐蚀完成以后,再将印制板上的胶布条揭下。采用贴图法无须配制涂料,不用描图,也无需等涂料干燥,而且制出的印制导线图形规格一致,非常整齐。

5. 腐　蚀

首先把三氯化铁溶液倒入容器中,随后把需要腐蚀的印制板放入容器中。为了缩短腐蚀时间,可用筷子夹少量棉纱,在腐蚀液中轻轻擦抹敷铜板。也可采用水浴加温法将液体适当加温,但温度不易太高。采用上述方法可加快印制板的腐蚀速度,缩短腐蚀时间,使腐蚀时间一般控制在 20 分钟左右。另外,腐蚀时间的长短还与腐蚀液使用次数有关。在腐蚀过程中,应注意观察腐蚀的进展情况,腐蚀时间太短,印制板上应腐蚀掉的铜箔依然残存;腐蚀时间太长,则会造成应保留部分的铜箔受到损伤,使线条边缘出现锯齿状等。

印制板腐蚀好之后,可用棉纱浸水蘸去污粉、或用棉纱蘸酒精、汽油擦洗印制板,以去掉防酸涂料,最后用清水将印制板冲洗干净。

6. 钻　孔

对照设计图在需要钻孔的位置,用中心冲打上定位“冲眼”以备钻孔。安装一般元器件,孔径约 0.7~1 mm;若是固定孔,或大元器件的孔,孔径约 2~3.5 mm。

7. 涂焊剂

为了防止铜箔表面氧化和便于焊接元件,在打好孔的印制板铜箔面上,用毛笔蘸上松香水(用酒精加松香泡成的焊剂)轻轻地涂上一层,晾干即可。

上面所介绍的是用腐蚀法制作印制板,另外还有一种手工制作印制板的方法——刀刻法。采用刀刻法制作印制板时,不需要其他辅助设备,只用一把小刀就可完成制作印制板的工作。其方法是先把设计好的印制板图用复写纸复写到印制板的铜箔面上,再用小刀刻去不需要部分的铜箔即可。用刀刻法制成的电路板如图 17-3 所示。

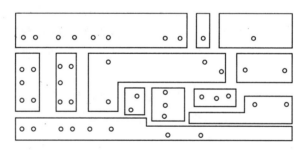

图 17-3　用刀刻法制成的电路板图

此法操作简单,但它只适用于条块结构的电路板,如果制作的印制电路图形较复杂时,就必须采取腐蚀法。

第 18 章　电子产品的装配与调试

18.1　电子产品整机装配的准备工艺

电子实习课中要经常装配各种电子产品,即整机装配。与整机装配密切相关的是各项准备工作,即对整机所需的各种导线、元器件、零部件等进行预先加工处理,它是顺利完成整机装配的重要保障。

准备工序是多方面的,它与产品复杂程度、元器件的结构和装配自动化程度有关。本节只介绍与电子实习课相关的导线加工、浸锡、元器件成型及组合件的加工等准备工序的工艺。这些工艺技能也同样符合企业大批量生产的要求。

18.1.1　导线的加工工艺

1. 剪　裁

导线应按先长后短的顺序,用斜口钳、自动剪线机或半自动剪线机进行剪切。对于绝缘导线,应防止绝缘层损坏,影响绝缘性能。手工剪裁绝缘导线时要拉直再剪。细裸导线可用人工拉直,粗裸导线可用调直机拉直。剪裁要按工艺文件中的导线加工表规定进行,长度应符合公差要求。如无特殊要求,则可按表 18 - 1 所列选择公差。

表 18 - 1　导线长度公差

导线长度/mm	50	50～100	100～200	200～500	500～1 000	1 000 以上
公差/mm	+3	+5	+5～+10	+10～+15	+15～+20	+30

2. 剥　头

将绝缘导线的两端去掉一段绝缘层而露出芯线的过程称为剥头,如图 18 - 1 所示。导线剥头可采用刃剪法和热剪法。刃剪法操作简单,但有可能损伤芯线;热剪法操作虽不伤芯线,但绝缘材料会产生有害气体。使用刃剪法之一的剥线钳剥头时,应选择与芯线粗细相匹配的钳口,对准所需的剥头距离,剥头时切勿损伤芯线。剥头长度应符合导线加工表,无特殊要求时可按表 18 - 2 选择剥头长度。

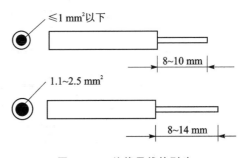

图 18 - 1　绝缘导线的剥头

表 18 - 2　导线剥头长度

芯线截面积/mm²	1 以下	1.1～2.5
剥头长度/mm	8～10	8～14

3. 捻头及清洁

（1）捻 头

多股芯线剥去绝缘物后,芯线可能松散,应进行捻紧,以便浸锡和焊接。手工捻线时用力不宜过大,否则易捻断细线。芯线捻过后,其螺旋角一般在 30°~45° 之间,如图 18-2 所示。工厂大批量生产时一般使用专用的捻头机捻线。

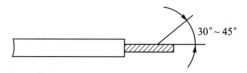

图 18-2　多股芯线的捻线角度

（2）清 洁

绝缘导线的端头浸锡前应进行清洁处理,去除导线表面的氧化层,提高端头的可焊性。

4. 浸锡工艺

浸锡是为了提高导线及元器件在整机安装时的可焊性,是防止产生虚焊、假焊的有效措施之一。

（1）芯线浸锡

（2）绝缘导线经过剥头、捻头和清洁工序后,应进行浸锡。浸锡前应先浸助焊剂,然后再浸锡。浸锡时间一般为 1~3 s,且只能浸到距绝缘层前 1~2 mm 处,以防止导线绝缘层因过热而收缩或者破裂。浸锡后要立刻浸入酒精中散热,最后再按工艺图要求进行检验、休整。

（3）裸导线浸锡。裸导线、铜带、扁铜带等在浸锡前应先用刀具、砂纸或专用设备等清除浸锡端面的氧化层,在蘸上助焊剂后进行浸锡。若使用镀银导线,就不需要进行浸锡;但如果银层已氧化,则仍需清除氧化层及浸锡。

（4）元器件引线及焊片的浸锡

元器件的引线在浸锡前应先进行整形,即用刀具在离元器件根部 2~5 mm 处开始除氧化层,如图 18-3 所示。浸锡应在去除氧化层后的数小时内完成。焊片浸锡前首先应清除氧化层。无孔的焊片浸锡的长度应根据焊点的大小或工艺来确定,有孔的小型焊片浸锡没过小孔 2~5 mm,浸锡后不能将小孔堵塞,如图 18-4 所示。浸锡时间应根据焊片或引线的粗细酌情掌握,一般为 2~5 s。时间太短,焊片或引线未能充分预热,易造成浸锡不良。时间过长,大部分热量传到器件内部,易造成器件变质、损坏。元器件引线、焊片浸锡后应立刻浸入酒精中进行散热。

经过浸锡的焊片、引线等,其浸锡层要牢固均匀、表面光滑、无孔状、无锡瘤。

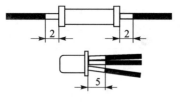

图 18-3　元件引线浸锡

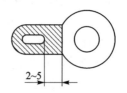

图 14-4　焊片浸锡

18.1.2　元器件引线成型工艺

为了方便地将元器件插到印制板上,提高插件效率,应预先将元器件的引线加工成一定的形状,如图 18-5 和图 18-6 所示。图 18-5(a)、(b)、(c)为卧式安装的弯折成型,图 18-5(d)、(e)、(f)为立式安装的成型。成型时引线弯折处离根部至少要有 2 mm,弯曲半径不小于引线直径的两倍,以减小机械应力,防止引线折断或被拔出。图 18-5(a)、(f)成型后的元件可直接贴装到印制板上;图 18-5(d)、(e)主要用于双面印制板或发热器件的成型,元件安装时与印制板保持 2～5 mm 的距离;图 18-5(c)、(e)有绕环使引线较长,多用于焊接时怕热的元器件或易破损的玻璃壳二极管。凡有标记的元器件,引线成形后其标称值应处于方便查看的位置。

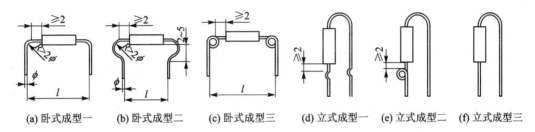

(a) 卧式成型一　(b) 卧式成型二　(c) 卧式成型三　(d) 立式成型一　(e) 立式成型二　(f) 立式成型三

图 18-5　元器件引线折弯情况

图 18-6　三极管、集成电路的引脚折弯形状

折弯所用的工具在工厂大批量生产时用自动折弯机、手动折弯机和手动绕环器等,实验室条件下一般使用圆嘴钳。使用圆嘴钳折弯时应注意勿用力过猛,以免损坏元器件。

18.2　印制电路板(PCB 板)的组装

印制电路板的组装是指根据设计文件和工艺规程要求,将电子元器件按照一定的方向和秩序插装到印制基板上,并用紧固件或锡焊等方法将其固定的过程。它是整机组装的关键环节。

18.2.1　印制电路板组装工艺的基本要求

印制电路板组装质量的好坏,直接影响到产品的电路性能和安全性能。为此,在工厂批量生产条件下,印制电路板组装工艺必须遵循如下基本要求:

(1) 各插件工序必须严格执行设计文件规定,认真按工艺作业指导操作。

(2) 组装流水线各工序的设置要均匀,防止某些工序电路板的堆积,确保均衡生产。

(3) 按整机装配准备工序的基本要求,做好元器件引线成型、表面清洁、浸锡、装散热片等准备加工工作。

(4) 做好印制板的准备加工工作。对于体积、重量较大的元器件,要用铜铆钉对其基板上的插装孔进行加固,即印制基板铆孔,以防止元器件插装、焊接后,因运输、振动等原因而发生焊盘剥脱损坏现象。

　　在实验室组装印制电路板,也应参照以上要求进行。

18.2.2　元器件安装的技术要求

　　(1)元器件安装应遵循先小后大、先低后高、先里后外、先易后难、先一般元器件后特殊元器件的基本原则。

　　(2)对于电容器、三极管等立式插装元件,应保留适当长的引线。引线太短会造成元件焊接时因过热而损坏;太长会降低元器件的稳定性或者引起短路。一般要求离电路板面2 mm。插装过程中,应注意元器件的电极极性,有时还需要在不同电极套上相应的套管。

　　(3)元器件引线穿过焊盘后应保留2~3 mm的长度,以便沿着印制导线方向将其打弯固定。为使元器件在焊接过程中不浮起和脱落,同时又便于拆焊,引线弯的角度最好是在45°~60°。

　　(4)安装水平插装的元器件时,标记号应向上,且方向一致,以便观察。功率小于1 W的元器件可贴近印制电路板平面安装,功率较大的元器件要求元件体距离印制电路板平面2 mm,便于元件散热。

　　(5)插装体积、重量较大的大容量电解电容器时,应采用胶粘剂将其底部粘在印制电路板上或用加橡胶衬垫的办法,以防止其歪斜、引线折断或焊点焊盘的损坏。

　　(6)插装CMOS集成电路、场效应晶体管时,操作人员须戴防静电腕套进行操作。已经插装好这类元器件的印制电路板,应在接地良好的流水线上传递,以防元器件被静电击穿。

　　(7)元器件的引线直径与印制板焊盘孔径应有0.2~0.3 mm的间隙。太大了,焊接不牢,机械强度差;太小了,元件难以插装。对于多引线的集成电路,可将两边的焊盘孔径间隙做成0.2 mm,中间的做成0.3 mm,这样既便于插装,又有一定的机械强度。

18.2.3　元器件在印制电路板上的插装

1. 一般元器件的装置方法

　　电子元器件种类繁多,结构不同,引出线也多种多样,因而元器件的插装形式也就有差异,必须根据产品的要求、结构特点、装配密度及使用方法来决定。一般有以下几种插装形式:

　　焊接在印制电路板的上的一般元器件,以板面为基准,装置方法通常有直立式和水平式装置两种。直立式装置又叫作垂直装置,是将元器件垂直装置在印制电路板上,其特点是装配密度大、便于拆卸,但机械强度较差,元器件的一端在焊接时受热较多。直立式装置法示意图如图18-7所示。

　　水平式装置也称卧式装置。其优点是机械强度高,元器件的标记字迹清楚,便于查对维修,适用于结构比较宽裕或者装配高度受到一定限制的地方;缺点是占据印制电路板的面积大。水平式装置又分为有间隙和无间隙两种,水平式装置示意图如图18-8所示。

　　图18-8(a)所示为有间隙的水平式装置,安装距离一般在3~8 mm范围内。该装置适用于大功率电阻、三极管以及双面印制电路板等,在装置元器件时与印制电路板留有一定间隙,以免元器件与印制电路板的金属层相碰造成短路,同时也便于双面焊接及便于散热。

　　图18-8(b)所示为无间隙的水平式装置,在装置时元器件可贴在印制电路板上。小于0.5 W的电阻、单面印制电路板一般采用这种方法装置。

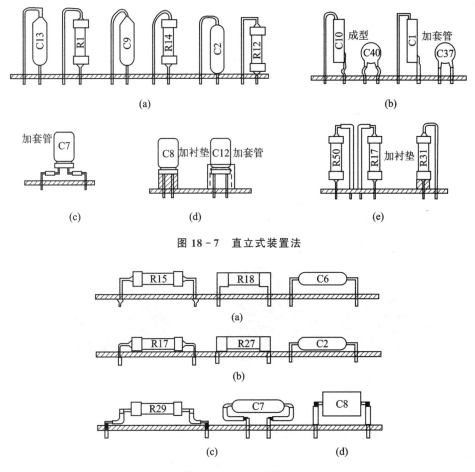

图 18 - 7　直立式装置法

图 18 - 8　水平式装置

2. 晶体管的装置方法

（1）二极管的装置方法

装置时可采用如图 18 - 9 所示方法。对于玻璃壳体的二极管其根部受力容易开裂，在装置时，可按图 18 - 9(a)所示，将引线绕 1～2 圈成为螺旋形，以增加引线长度；装置金属壳体的二极管时，按图 18 - 9(b)所示，不要从根部折弯，以防止焊点处开脱。装置二极管时必须注意极性，正、负极一定不能装错。

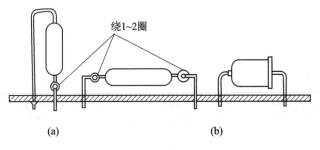

图 18 - 9　二极管的装置方法

（2）小功率三极管的装置方法

小功率三极管有正装、倒装、卧装及横装等几种方式，应根据需要及安装条件来选择。其装置方法示意图如图 18 - 10 所示。

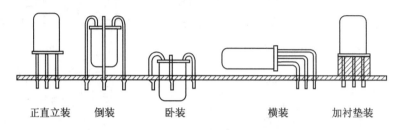

　正直立装　　倒装　　　　卧装　　　　　横装　　　加衬垫装

图 18 - 10　小功率三极管的装置方法

3. 集成电路的装置方法

常用的集成电路的外形有晶体管式和扁平式两类，其装置方法如图 18 - 11 所示。

(a)　　　　　　　　　　　　　　(b)

图 18 - 11　集成电路的装置方法

晶体管式器件与晶体管相似，但引线较多，例如运算放大器。这类器件的装置方法与小功率三极管直立装置法相同，其引线从器件外壳凸出部分开始等距离排列。图 18 - 11(a)所示为晶体管式器件装置示意图。

扁平式器件有两种触片外形。一种是轴向式，然后直接焊在印制电路板的接点上；另一种是径向式，可直接插入印制电路板焊接即可。图 18 - 11(b)所示为扁平式器件装置示意图。

4. 元件引线穿过焊盘孔后的处理

元件引线穿过焊盘的小孔后，都应留有一定的长度，这样才能保证焊接的质量。露出的引线可根据需要弯成不同的角度，如图 18 - 12 所示。

图 18 - 12(a)引线不折弯，这种形式焊接后强度较差；图 18 - 12(b)引线折弯成 45°，这种形式的机械强度较强，而且比较容易在更换元件时拆除重焊，所以采用的较多；图 18 - 12(c)引线折弯成 90°，这种形式的机械强度最强，但拆焊困难。采用此种方法时，折弯方向应与印制铜箔方向一致。

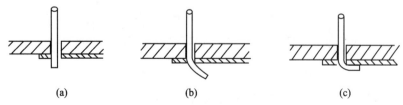

(a)　　　　　　　　　　(b)　　　　　　　　　　(c)

图 18 - 12　元件引线穿过焊盘孔后的处理

18.2.4　印制电路板组装工艺流程

根据电子产品生产的性质、生产批量、设备条件等情况的不同,需采用不同的电路板组装工艺,常用的有手工装配工艺和自动装配工艺。

1. 独立插装

在产品样机试制或小批量生产时,常采用手工独立插装完成印制板的装配,即操作者根据工艺作业指导卡,把构成某一功能的单板上所有元器件逐个插装到印制基板上。其操作过程为:待装元件→引线成型→插件→元器件整形→焊接→剪切引线→检查。独立插装方式需操作者从头到尾地操作,效率低,差错率高。

2. 流水线插装

对设计稳定、大批量生产的产品,因印制板上元器件插装的工作量大,需采用流水线装配,以提高装配效率和质量。对于一些元件较少的印制线路板,可以设计成拼板后再上流水线进行插装。

插件流水作业是把印制电路板的整体装配分解为若干道简单的装配工序,每道工序固定一定数量的元器件,使操作过程大大简化。印制电路板上元件的分解有两种不同的方法,一种是按元件的类型、规格插装,另一种是按元器件在电路板上的布局、分块插装。前一种方法因元器件品种、规格趋于单一,不易插错,但插装范围广、速度低;后一种方法的插装范围小,操作者易熟练电路的插装位置,插件插错率低,常用于大批量的生产。分解元器件时,每道工序的插装元件要适量,一般每道工序分解 12 个左右的元器件。元件量过少,势必增加操作人员,不能充分发挥流水线的插件效率;而元件量过多又使操作人员难以记忆,容易发生差错。在划分过程中,应注意每道工序的时间要基本相等,确保流水线均匀移动。

印制电路板插件的流水线方式有自由节拍形式和强制节拍形式两种。所谓自由节拍形式是由操作者控制流水线的节拍,即操作者按规定要求完成插装后,将印制板传送到下一道工序。所谓强制节拍形式,是要求每个操作者必须在规定时间内,把所要求插装的元器件准确无误地插到电路板上。该插装方式带有一定的强制性,在分配每道工序的工作量时,应留有适当的余量,以保证插件质量。图 18-13 为印制电路板手工流水插装的一般工艺流程。

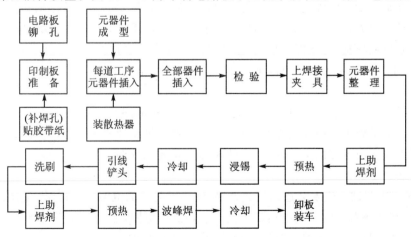

图 18-13　手工流水插装工艺流程

18.3　电子电路的调试及故障分析处理

18.3.1　电子电路的调试

电子电路的调试在电子工程技术中占有重要地位,这是把理论付诸实践的过程,是检验所设计的电路能否正常工作,是否达到性能指标的检查和测量的过程。

调试过程是利用符合指标要求的各种仪器,例如万用表、示波器、信号发生器、逻辑分析仪等各种测量仪器,对安装好的电路进行调整和测量,是判断性能好坏,各种指标是否符合实际要求的最后一关。

1. 测试方法和步骤

（1）不通电检查

① 检查连线。电路安装完毕后,不急于通电,先认真检查接线是否正确,包括错线（连线一端正确,另一端错误）、少线（安装时漏掉的线）和多线（连线的两端在电路图上都是不存在的）。多线一般是因接线时看错引脚,或者改接线时忘记去掉原来的旧线造成的,在实验中时常发生,而查线时又不易发现,调试时往往会给人造成错觉,以为问题是由元器件造成的。如TTL 两个门电路输出端无意中接在一起,引起电平不高不低,人们很容易认为是元器件坏了。为了避免做出错误判断,通常采用两种查线方法:一是按照设计的电路图检查安装的线路,把电路图上的连线按一定顺序在安装好的线路中逐一对应检查,这种方法比较容易找出错线和少线;另一种方法是按实际线路来对照电路原理图,按两个元件引脚连线的去向查清,查找每个去处在电路图上是否存在。这种方法不但能查出错线和少线,还能检查出是否多线。无论用什么方法查线,一定要在电路图上对查过的线做出标记,并且还要检查每个元件的引脚的使用端是否与图纸相符。查找时最好用指针式万用表的"R×1"档,数字万用表的"Ω"档。

② 直观检查。直观检查电源、地线、信号线、元件引脚之间有无短路;连线处有无接触不良;二极管、三极管、电解电容等引脚有无错接;集成电路是否插对等。

（2）通电检查

把经过准确测量的电源电压加入电路,电源接通之后不要急于测量数据和观察结果,首先要观察有无异常现象,包括有无冒烟,是否闻到异常气味,手摸元件是否发烫,电源是否有短路现象等。如果出现异常,应立即关掉电源,待排除故障后方可重新通电。然后再测量各元件引脚的电压,而不是只测量各路总电源电压,以保证元器件正常工作。

（3）分块调试

调试包括测试和调整两个方面。测试是在安装后对电路的参数及工作状态进行测量,调整是指在测试的基础上对电路的参数进行修正,使之满足设计要求。为了使测试顺利进行,设计的电路图上应标出各点的电位值、相应的波形以及其他数据。

调试方法和步骤如下:

① 边安装边调试。边安装边调试的方法,就是把复杂的电路按原理图上的功能分成块进行安装调试,在分块调试的基础上逐步扩大安装调试的范围,最后完成整机调试。这种方法称为分块调试。采用这种方法能及时发现问题和解决问题,因此是常用的方法。对于新设计的电路更是如此。

② 一次性调试。所谓一次性调试，就是在整个电路安装完毕后，进行一次性调试，这种方法适用于简单电路或定型产品。

③ 分块调试。分块调试是把电路按功能分成不同的部分，把每个部分看作一个模块进行调试。比较理想的调试程序是按信号的流向进行，这样可以把前面调试过的输出信号，作为后一级的输入信号，为最后的联调创造条件。分块调试包括静态调试和动态调试：

a. 静态调试。静态调试一般指在没有外加信号的条件下测试电路各点的电位，如测模拟电路的静态工作点，数字电路的各输入、输出电平及逻辑关系等。测出的数据与设计值相比较，若超出允许范围，则应分析原因并进行处理。

b. 动态测试。动态测试可以利用前级的输出信号作为后级的输入信号，也可用自身的信号检查功能块的各种指标是否满足设计要求，包括信号幅值、波形的形状、相位关系、频率、放大倍数、输出动态范围等。模拟电路比较复杂，而对于数字电路来说，由于集成度比较高，一般调试工作量不太大，只要器件选择合适，直流工作状态正常，逻辑关系就不会有太大问题。

把静态和动态的测试结果与设计的指标作比较，经深入分析后对电路参数提出合理的修正。

（4）整机联调

在分块调试的过程中，由于是逐步扩大调试范围，故实际上已经完成了某些局部的联调工作。下面只要做好各功能块之间接口电路的调试工作，再把全部电路接通，就可以实现整机联调。整机联调只需要观察动态结果，即把各种测量仪器及系统本身显示部分提供的信息与实际指标逐一对比，找出问题，然后进一步修改电路参数，直到完全符合设计要求为止。

调试过程中不能单凭感觉和印象，要始终借助仪器观察。使用示波器时，最好把示波器的信号输入方式置于"DC"档，它是直流耦合方式，同时可以观察被测信号的交直流成分。被测信号的频率应处在示波器能够稳定显示的范围内，如果频率太低，观察不到稳定波形，应改变电路参数后测量。例如，观察只有几赫兹的低频信号时，通过改变电路参数，使频率提高到几百赫兹以上，就能在示波器上观察到稳定的信号并可记录各点的波形形状及相互间的相位关系，测量完毕，再恢复到原来的参数继续测试其他指标。

2. 系统精度及可靠性测试

系统精度是设计电路时很重要的一项指标。测量电路的精度校准元件应该由精度高于测量电路的仪器进行测试后，才能作为标准元器件接入电路校准精度。例如，测量电路中校准精度时所用的电容不能以标称值计算，而要经过高精度的电容表测量其准确值后，才能作为校准电容。

3. 可靠性测试

对于正式产品，应该对以下几方面进行可靠性测试：

（1）抗干扰能力。

（2）电网电压及环境温度变化对装置的影响。

（3）长期运行实验的稳定性。

（4）抗机械振动的能力。

4. 调试注意事项

（1）测试之前先要熟悉各种仪器的使用方法，并仔细加以检查，避免由于仪器使用不当或出现故障而作出错误判断。

（2）测量仪器的地线和被测电路的地线应连在一起，只有使仪器和电路之间建立一个公共参考点，测量的结果才是正确的。

（3）调试过程中，发现器件或接线有问题需要更换或修改时，应关断电源，待更换完毕认真检查后才能重新通电。

（4）调试过程中，不但要认真观察和测量，还要认真记录，包括记录观察的现象，测量的数据、波形及相位关系，必要时在记录中还要附加说明，尤其是那些和设计不符的现象更是记录的重点。依据记录的数据才能把实际观察到的现象和理论预计的结果加以定量比较，从中发现问题，加以改进，以进一步完善设计方案。通过收集第一手资料可以帮助自己积累实际经验，切不可低估记录的重要作用。

（5）安装和调试自始至终要有严谨的科学作风，不能采取侥幸心理。出现故障时，不要手忙脚乱，马虎从事，要认真查找故障原因，仔细作出判断，切不可一遇故障解决不了就拆掉线路重新安装。因为重新安装的线路仍然存在各种问题，况且原理上的问题不是重新安装能解决的。

18.3.2　电子电路的故障分析与处理

在实验过程中，故障常常是不可避免的，分析故障、处理故障可以提高分析问题和解决问题的能力。分析和处理故障的过程，就是从故障现象出发，通过反复测试，作出分析判断、逐步找出问题的过程。首先，要通过对原理图的分析，把系统分成不同功能的电路模块，通过逐一测量找出故障模块。然后，对故障模块内部加以测量并找出故障，即从一个系统或模块的预期功能出发，通过时间测量，确定其功能是否正常来判断它是否存在故障。最后，逐层深入，找出故障的原因并加以排除。

假如一台电子设备（或电子电路）原来运行正常，使用一段时间后出现故障，其原因可能是元器件损坏，或连线发生短路或断路，也有可能是使用条件的变化（如电网电压波动、过热或过冷的工作环境等）影响电子设备的正常运行。

1. 故障原因

对于新设计的电路，调试中出现的故障，常见原因如下：

（1）实际电路与设计的原理图不符。

（2）元器件使用不当。

（3）设计的原理图本身不满足要求。

（4）误操作等。

2. 查找故障的方法

查找故障的方法很多，下面介绍两种常用的方法：

（1）通用方法

把合适的信号或某个模块的输出信号引到其他模块上，然后依次对每个模块进行测量，直到找到故障模块为止。查找的顺序可以从输入到输出，也可以从输出到输入。找到故障模块后，要对该模块产生故障的原因作进一步检查。

查找模块内部故障原因的步骤：

① 测量元器件引脚电源电压。使用面包板做实验出现故障时，要检查是否因引脚接触不良导致元器件本身没有正常工作。

② 断开故障模块输出端所接的负载，可以判断故障来自模块本身还是负载。

③ 检查安装的线路与原理图是否一致，包括连线、元件的极性及参数、集成电路的安装位置是否正确等。

④ 检查用于测量的仪器是否使用得当。

⑤ 检查元器件使用是否得当或者已经损坏。在实验中大量使用的是中规模集成电路，由于它的引出端较多，使用中有时会将引出端接错，从而造成故障。在电路中，由于安装前经过调试，元器件损坏的可能性较小。如果怀疑某一元器件损坏，必须对它进行单独测试，对确已损坏的元器件予以更换。

⑥ 对反馈回路的故障判断是比较困难的，因为它是把输出信号的部分或全部以某种方式送到前面模块的输入端，使系统形成一个闭环回路。在这个闭环回路中，只要有一个模块出故障，整个系统会处处存在故障现象。查找故障需要把反馈回路断开，插入一个合适的输入信号，使系统成为一个开环系统，然后再逐一查找发生故障的模块及故障元器件等。

（2）观察判断法

前面介绍的通用方法对一般系统都适用，但它具有一定的盲目性，效率较低。对于自己设计的系统或非常熟悉的电路，可以采用观察判断法，它将大大缩短排除故障的时间。查找自己设计或非常熟悉的电路时，因为对各部分的原理及性能指标、波形形状已有透彻的了解，所以通过仪器、仪表观察到的现象（读数和波形），可以直接判断故障发生的原因及部位，从而准确、迅速地查找故障并加以排除。

3. 数字电路故障分析的特点

数字电路故障的查找和排除相对比较简单。除三态电路外，其他的门电路输入输出只有高电平和低电平两种状态，查找故障可以先进行动态测试，缩小故障的范围，再进行静态测试，查出故障的具体位置。

查找故障首先要有合适的信号源和示波器，示波器的频率一般大于 10 MHz，至少大于信号频率，而且应该用双踪示波器观察输入和输出的波形、相位关系。查找故障的过程仍然可以按顺序进行测量，把输出的结果和预期的状态相比较，通过动态测试把故障缩小到最小的范围。如果信号是非周期性的，应该借助逻辑分析仪和其他辅助设备观察各处的状态。

如前所述，数字电路除三态电路外，输出不是高电平就是低电平，不允许出现出现不高不低的电平。对于使用 +5 V 电源的 TTL 电路，高电平要大于 2.8 V，低电平要低于 0.5 V 才能满足要求。

在电路中，当某个元器件静态电平正常而动态波形有问题时，往往会认为这个元器件本身有问题而去更换它，其实有时不是这个原因。例如，一个计数器加入单脉冲信号时，测量出电平完全正确，加入连续脉冲时输出波形出现问题（如输出波形呈台阶式）。遇到这种情况，不要急于更换器件，需要检查计数器本身的负载能力及为它提供输入信号的元器件的负载能力。把计数器的输出负载断开，检查它的工作是否正常，若工作正常，说明计数器负载能力有问题，可以更换它。如果断开负载电路仍有问题，则要检查提供给计数器的输入信号波形是否符合要求，或把输入信号通过施密特电路整形后再加到计数器的输入端，检查输出波形。这种方法检查完毕后若仍存在问题，则必须要更换计数器。

第 19 章　电子技能实训

19.1　电子实训介绍

19.1.1　电子技能实训的目的与要求

电子技能实训(包括模拟电子技术和数字电子技术课程实训)是在学生基本学习完电子技术课程之后,针对课程的要求对学生进行综合性训练的一个实践教学环节。其主要目的是培养学生综合运用理论知识、联系实际要求作出独立设计并进行安装调试实验的实际工作能力。

通过本教学环节,学生应达到如下基本要求:

(1) 综合运用电子技术课程中所学到的理论知识,结合课程设计任务要求适当自学某些新知识,独立完成一个课题的理论设计。

(2) 会运用 EDA,例如 EBW、PSPICE 等,对所作出的理论设计进行模拟仿真测试,进一步完善理论设计。

(3) 通过查阅手册和文献资料,熟悉常用电子器件的类型和特性,并掌握合理选用元器件的原则。

(4) 掌握模拟电路的安装、测量与调试的基本技能,熟悉电子仪器的正确使用方法,能独立分析实验中出现的正常或不正常现象(或数据),独立解决调试中所遇到的问题。

(5) 学会撰写课程设计报告。

(6) 培养实事求是、科学严谨的工作态度和严肃认真的工作作风。

19.1.2　电子技能实训的一般教学过程

1. 教学阶段安排

电子技能实训的教学流程可按以下过程进行:理论设计→(运用 EDA 工具进行模拟仿真测试,进一步完善理论设计)→实际电路的安装与调试→答辩→撰写课程设计报告→成绩评定。

2. 各教学阶段的基本要求

(1) 理论设计

电子系统的设计方法有三种:自顶向下(Top Down)、自底向上(Bottom Up)、自顶向下与自底向上相结合。自顶向下方法按照"系统—子系统—功能模块—单元电路—元器件—布线图"的过程来设计一个系统,自底向上的方法则按照相反的过程来进行设计。在现代电子系统设计中,一般采用自顶向下的设计方法,因为这种方法使设计者的设计思路具有全局观,从实现系统功能出发,概念清晰易懂。实际上,由于电子技术的发展,尤其是 IP(Intellectual Property)技术的发展,有很多通用功能模块(甚至某些成熟的子系统)可以选用。也就是说,采用自顶向下的设计方法,有时只需设计到功能模块,再附加适当的元器件并加以适当的布线即可。应该说,这是一种自顶向下与自底向上相结合的方法。但在以 IP 核为基础 VLSI 片上系统的设计中,自底向上的方法得到重视和应用。

在学校的实验室中,往往受到客观条件的限制,也就是说,一般只能根据实验室给出的元器件或某些功能模块来进行选择。另外,为了使学生能牢固掌握基础知识和基本技能,一般的课程设计课题都要求学生设计到元器件级。

在理论设计阶段,要求学生按照课程设计任务要求,在教师的指导下,运用电子技术课程中所学过的理论知识,适当自学某些新知识,独立完成包括下列内容的理论设计:

① 总体设计方案的比较、选择与确定。对于一个课程设计课题,可能有各种不同的设计方案可以实现。所以,首先应该根据课题的任务和要求,进行仔细分析研究,找到关键问题,确定设计原理;接着还应广开思路,利用所学过的理论知识,并查阅有关资料,提出尽可能多的设计方案来进行比较;最终,根据原理正确、易于实现且实验室有条件实现的原则确定最后设计方案,画出总体设计功能块框图。

② 功能块的设计。根据功能和技术指标要求,确定每个功能块应选择的单元电路,并注意功能块之间耦合方式的合理选择。

③ 单元电路的设计。对各功能块选择的单元电路,分别进行设计,计算出满足功能及技术指标要求的电路,包括元器件选择和电路静态、动态参数的计算等,并要对单元电路之间的适配进行设计与核算,主要是考虑阻抗匹配,以便提高输出功率、效率及信噪比等。

元器件的选择很关键。在条件允许的情况下,应尽量选择通用性强的、新型的、调试容易的、性价比及集成度高的元器件。例如,设计一个模拟信号发生器,其主要电路元器件可以有三种选择:a. 晶体管;b. 运算放大器;c. 专用集成电路。显然,选择第三种最理想,但实验室可能没有,那只好退而求其次,选择第二种。

④ 最后画出总体电路原理图,必要时画出总体布线图。

(2) 运用 EDA 工具进行模拟仿真测试并进一步完善理论设计

这一步可以没有。但是要知道,如果按设计好的总体电路原理图直接进行安装调试,一般很难做到一次成功,可能要进行反复实验、调试,颇为费时费力,甚至由于工作场地、实验仪器或元器件品种数量的限制,无法及时完成实验。所以运用 EDA 工具进行模拟仿真测试,是确定设计的正确性和进一步修改完善设计的最好途径。目前流行的电子线路仿真软件有 PSPICE、EWB 等。例如 EWB(Electronics Workbench)界面直观,操作方便,学习和使用都很方便。EWB 的元器件库有数千种电路元器件(及其参数)供选用,它的仪器库中有多种电子仪表,将所设计的电路原理图在 EWB 界面下创建并用其仪器库中的模拟仪表进行仿真测试,若发现问题,可立即修改参数,重新调试直到得到满意的设计。如果需要,软件可将设计结果直接输出至常见的印制线路板排版软件形成 PCB(印刷电路板)图。

(3) 实际电路的安装与调试

根据设计好的总体电路原理图,经指导教师审查通过后,就可以向实验室领取所需元器件、材料等,进行电路组装和调试。安装调试的步骤如下:

① 检查所领取的元器件及材料等,确定无损坏,型号及参数正确。

② 根据所领取的实验装置(如实验板或面包板),初步设计总体的安装布局,一般采取和设计电路图尽可能一致,从左至右、从输入到输出的原则,电源从上引入,参考地在下方。

③ 先按各单元电路分别进行安装并调试,在调试过程中要仔细观察所出现的各种现象,

判断是否正常,若不正常需及时查找故障原因,并及时记录测试结果,例如,测试波形、数据等。各部分都测试成功后再连接起来进行总调。

④ 测试时一定要遵守安全操作规程,安装或更换元器件时要关断电源,发现打火、冒烟、有异味等不正常现象也要及时关断电源,然后再查找原因。此外,使用电子仪器要注意其安全操作事项,电源和信号源一定不要造成短路,使用万用表、晶体管毫伏表和示波器时要注意选用合适的档位,以免损坏仪器。

⑤ 调试成功并请指导教师验收,确定合格后方可拆电路。将所领取的元器件、材料、实验装置及使用的仪表按要求整理好后归还实验室。

(4) 答　辩

教师可就方案的可改进性、EDA 的应用、安装、调试及测试结果与数据分析等方面的问题要求学生进行答辩,以便进一步了解学生在设计中掌握所学理论知识和实践能力的全面情况,提高学生的总体素质。

(5) 撰写课程设计报告

课程设计报告是对设计全过程的系统总结,也是培养综合科研素质的一个重要环节。课程设计报告的主要内容大致如下:

① 课题名称。

② 设计任务、技术指标和要求。

③ 设计方案的选择和论证。

④ 总体电路的功能框图及其说明。

⑤ 功能块及单元电路的设计、计算与说明。

⑥ 总体电路原理图(必要时提供布线图)及说明。

⑦ 所用的全部元器件型号参数等。

⑧ 调试方法与所用仪器;调试中出现的问题或故障分析及解决措施;测试的结果及原始数据的记录与分析。

⑨ 收获、体会及改进方法等。

(6) 成绩评定

课程设计的成绩主要根据以下几方面来评定:

① 设计方案的正确性。

② 关键电路的设计与计算的正确性。

③ 应用 EDA 工具的能力。

④ 安装与调试能力,分析与解决问题的能力。

⑤ 课题的完成情况。

⑥ 答辩能力(方案的论述、基本理论知识的掌握情况、实际技能、解答问题的能力等)。

⑦ 课程设计报告的撰写水平。

⑧ 课程设计全过程中的学习态度与工作作风和精神面貌等。

19.2　电子实训项目

实训一　电阻器、电容器标称值判读和万用表测量

一、实训目的

　　① 熟悉按电阻的外标志判读标称阻值及允许偏差值的方法。
　　② 掌握万用表电阻挡的使用方法,练习用万用表测量电阻。
　　③ 熟悉按电容的外标志判读标称电容量及允许偏差值的方法。
　　④ 熟悉使用万用表检测、比较电容器电容量大小和优劣的方法。

二、实训器材

　　带有直标法、文字符号、色环法表示的电阻器若干;带有直标法、文字符号、色环法、数码法表示的电容器若干;固定电容器 1 000 pF、0.1 μF、1 μF 各一支,电解电容器 10 μF、100 μF 各一支;万用表。

三、实训步骤及内容

1. 电阻器的训练

　　(1) 应用学过的电阻器标称值及允许偏差值标志法(直标法、文字符号法、色环法)的知识,判读各电阻的标称阻值和允许偏差,并填入实训表 1-1 中。
　　(2) 用万用表(电阻挡)实测各电阻器的阻值,填入实训表 1-1 中。

实训表 1-1

编　号	外表标志内容	判读结果		万用表实测阻值	备　注
		标称阻值	允许误差		
1					
2					
3					
4					
5					
6					
7					
8					
9					
10					

说明:

(1) 测量前,转动万用表面板上的转换开关至所需的电阻挡,将红黑表笔短接,调节电阻调零旋钮,使指针对准 0 Ω 位置上,然后分开红黑表笔进行测量。测量值在表头第一条欧姆刻度线上读出并乘以该挡的倍率。

(2) 测量时,被测电阻至少有一端与电路完全断开,并切断电源。电阻挡的量程应选择合适,使表针停在标度尺的中间区域,以减少读数误差。测低电阻值时,应注意表笔与测点间的接触电阻;测高电阻时,应注意不要使手同时触及两表笔探针或两触点,以免将人体电阻并联于被测电阻两端,造成测量误差。若测量时指针偏角太大或太小,应换挡后再测。每转换一次量程,都必须将两表笔短接,重新调零。

(3) 可变电阻(电位器)的测量与固定电阻方法基本相同。可变电阻有 3 个接点,旁边两个固定,无论转轴如何转动,两端间的电阻皆为固定值(最大值)。中间为活动端,其与任意端间的电阻值随转轴转动而平滑地变化。

2. 电容器的训练

① 应用学过的电容器标称值及允许偏差值标志法(直标法、文字符号法、色环法、数码法)的知识,判读各电容器的标称电容量和允许偏差,并填入实训表 1 - 2 中。

实训表 1 - 2

编　号	外表标志内容	判读结果		备　注
		标称阻值	允许误差	
1				
2				
3				
4				
5				
6				
7				
8				

② 将万用表调整好,置于"R×1 k"挡。调整欧姆挡的调零旋纽进行调零。

③ 测量 1 000 pF、0.1 μF、1 μF 三只电容器的绝缘电阻,并观察万用表指针的摆动情况,记录在实训表 1-3 中。

④ 测量 10 μF、100 μF 电解电容器的绝缘电阻并观察表针的摆动情况。

说明:

(1) 对于电解电容器,可用"R×1 k"挡。黑表笔接电解电容器的正极,红表笔接负极,表针开始向阻值小的方向迅速摆动,然后慢慢向"∞"方向摆动,这就是电容的充放电现象。充电摆动的幅度越大,电容量越大。放电至一定时间,表针将静止不动,此时表针所指的阻值就是电解电容器的绝缘电阻,阻值越大,漏电越小。绝缘电阻若低于 100 kΩ,表明电容性能不好。如果表针归零,表明电容短路;如果表针无充放电现象,停在"∞"处不动,说明电容开路。

(2) 测量时,注意正负表笔的正确接法。电解电容器每次测试后应将电容器放电。对于大于 4 700 pF 的电容,可按上述方法检查;对于小于 4 700 pF 的电容,只要不短路,一般都是好的。

(3) 如果电解电容器的正负极标记不清,也可用万用表来判断。方法是将万用表的红、黑表笔分别与电容器的两极相接,作正、反两次的绝缘测量。测得绝缘电阻大的那次,黑表笔所接触的引脚即为电容器的正极,另一极为负极。

实训表 1 - 3

电　容	绝缘电阻	表针摆动情况	备　注
1 000 pF			
0.1 μF			
1 μF			
10 μF			
100 μF			

实训二　万用表检测二极管和三极管

一、实训目的

① 掌握用万用表检测二极管和三极管引脚的方法。
② 掌握用万用表判断二极管和三极管好坏的方法。

二、实训器材

万用表;二极管 2AP9、2CP10、1N4001、1N4148;晶体管 3DG6、3AX31、9013、9014;发光二极管 BT304。

三、实训步骤及内容

① 测量二极管的正反向电阻,记录在实训表 2 - 1 中。根据测量结果判定二极管的极性与性能。

实训表 2 - 1

二极管	正向电阻	反向电阻
2AP9		
2CP10		
1N4001		
1N4148		

② 测量三极管极间电阻,并将测试情况记录在实训表 2 - 2 中。根据测量结果判定三极管性能与管型及引脚名称。

实训表 2 - 2

型　　号	管型	BE 间正向阻值	BE 间反向阻值	BC 间正向阻值	BC 间反向阻值	CE 间正向电阻	CE 间正向电阻
3DG6							
3AX31							
9013							
9014							

四、说　明

1. 普通二极管的检测

测量二极管前须注意,万用表内电池的正极在电表面板上的"－"插孔(黑表笔),负极则接到电表的"＋"插孔(红表笔)。测试二极管时,黑表笔接二极管正极、红表笔接二极管负极时应为正偏导通 ,指针偏转至右边数欧处;反接时为反偏截止,指针指于"∞"。若测量的是发光二极管,导通时会发亮,截止时则不亮。

根据二极管正向电阻小、反向电阻大的特点,可判别二极管的极性。将万用表拨到电阻挡,一般用"R×100"挡测锗二极管,用"R×1 k"挡测硅二极管。观察正反向电阻,两者相差越大越好。好的二极管正向电阻为几百欧,反向电阻在几百千欧数量级。如果测得的反向电阻很小,说明二极管内部短路;若正向电阻很大,则说明管子内部断路。在这两种情况下,二极管就需报废。

二极管正负极性的判别,可用万用表红黑表笔分别与二极管的两极相连,测出正反向两个阻值。在所测得阻值较小的一次,与黑表笔相接的一端即为二极管的正极。

2. 发光二极管的检测

发光二极管一般是用磷砷化镓、磷化镓等材料制成,内部是一个 PN 结,具有单向导电性,故可用万用表测量其正反向电阻来判别其极性和好坏。方法同于一般二极管的测量,其正反向电阻均比普通二极管大。测量时,万用表置于"R×1 k"或"R×10 k"挡,测其正反向电阻时,一般正向电阻小于 50 kΩ,反向电阻大于 200 kΩ 以上为正常。

由于发光二极管不发光时,其正反向电阻均较大且无明显差异,故一般不用万用表判断发光二极管的极性。常用的办法是将发光二极管与一数百欧(如 330 Ω)的电阻串联,然后加 3～5 V 的直流电压。若发光二极管亮,说明二极管正向导通,则与电源正端相连的为正极,与负端相连的为负极;如果二极管反接,则不亮。要特别说明的是,不少人测试发光二极管的方法不正确。如用 9 V 层叠电池直接点亮发光二极管,虽然可正常点亮,但这种方法在理论上是完全错误的。发光二极管的外特性与稳压二极管完全相同,导通时其端电压为 1.9 V 左右。当它与电阻相连时,回路中必须设置限流电阻,否则一旦外加电压超过导通电压,将由于过流而损坏。直接用层叠电池点亮时可正常点亮不损坏发光二极管,是因为层叠电池有较大的内阻,正是内阻起到了限流作用。如果用蓄电池或稳压电源直接点亮发光二极管,则由于内阻小,无法起到限流作用,顷刻将发光二极管烧坏。

3. 稳压二极管的检测

稳压二极管的 PN 结也具有正向电阻小反向电阻大的特点,其测量方法与普通二极管相同。但须注意:稳压二极管的反向电阻较普通二极管小。

4. 三极管的检测,判断三极管的引脚

本部分内容可参照模拟电子技术实验部分。

实训三　手工焊接法(一)——五步法

一、实训目的

掌握五步焊接法的要领,逐步掌握使用电烙铁。

二、实训器材

印制电路板(PCB 板);松脂芯焊料;松香助焊剂;20 W 电烙铁;Φ0.8 mm 漆包线。

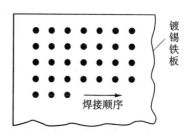

实训图 3-1　焊接的练习方法

三、实训步骤及内容

(1) 将 Φ0.8 mm 漆包线剪成 40 mm 一段,共 20 根,导线两端去漆上锡。

(2) 按实训图 3-1 所示,先观察大约 20 个焊点的示范操作。

(3) 练习五步法。

实训四　手工焊接法(二)——搭焊、钩焊和绕焊

一、实训目的

掌握导线之间(或导线与接线端子间)搭焊、钩焊和绕焊时弯曲导线的要领及焊接要领。

二、实训器材

电烙铁(20 W);练习板(如实训图 4-1 所示);焊锡丝;裸铜线;扁嘴钳;镊子。

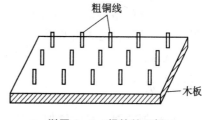

训图 4-1　焊接练习板

三、实训步骤及内容

(1) 把焊接练习板上的粗铜导线和要焊接的细铜丝进行清洁处理。

(2) 按实训图 4-2 所示的顺序搭接、钩接和绕接,把多段裸导线连接在练习板各粗导线之间。

(3) 进行搭焊、钩焊和绕焊。实施绕焊操作时应注意烙铁及焊锡须按实训图 4-3 所示部位放置。

(4) 完成焊接操作后进行清洁处理,把完成的作业交给指导老师审核。

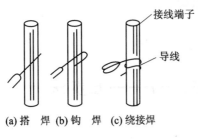

(a)搭　焊 (b)钩　焊 (c)绕接焊

实训图 4-2　导线的加工方法

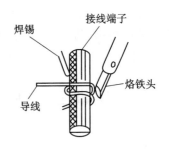

实训图 4-3　绕焊时烙铁及焊锡位置

实训五　手工焊接法(三)——印制电路板上元器件的焊接

一、实训目的

掌握印制电路板上手工插装元器件的方法及焊接要领。

二、实训器材

印制电路板(可利用工厂不用的现成的印制电路板或废旧的印制电路板);电烙铁;焊锡丝;镊子;扁嘴钳;偏口钳;Φ0.8 mm 的铜导线(长度约 30 cm,剪成 6 段);电阻、电容、三极管若干。

三、实训步骤及内容

(1)认真检查清理印制电路板上的每一个焊盘及要焊接的元器件的引线及铜导线,并把元器件和铜导线分成两部分:一部分作贴板安装练习,另一部分作间隔焊接练习。

(2)把导线及各元器件按要求弯曲成形,以便插入相应的洞孔内,焊在印制电路板上。

(3)先作贴板安装焊接练习,再作间隔安装焊接练习。对每个焊接点应认真练习,力争焊点完好,如实训图 5-1 所示,印制电路板的焊盘应被焊料覆盖好,并在引线边缘上形成小圆锥形。

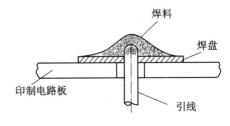

实训图 5-1　完好的焊点

(4)用良好的溶剂清洗多余的松香,并检查每一焊点的质量,看是否有虚焊、焊料太多或焊料过少的现象。

四、说　明

(1)可根据需要和可能增加本训练的操作量,例如,可利用工厂淘汰的或废弃不用的印制电路板,增添操作内容。

(2)在印制电路板上安装元器件,一般分为贴板(短引线)安装和间隔(长引线)安装两种方法。高频电路采用直接在焊盘上焊接元器件引脚和引线的方法。

无论是贴板安装还是间隔安装,元器件的引线都要进行弯曲加工。元器件引脚形状的加工,除弯曲加工外,还有不弯曲、剪断、整形等加工。弯曲加工具有在印制电路板上保持元器件最佳机械性能的特点。实训图 5－2(a)是贴板安装,$A＝B＝2$ mm 以上;图 5－2(b)是间隔安装,$C＝D＝5$ mm 左右;引线弯曲方法如实训图 5－2(c)所示,弯曲方向原则上是从焊盘往印制电路板出线方向弯曲,弯曲尺寸 2～4 mm,弯曲高度 1.5 mm 以下。应当指出,间隔安装通常在各元器件引脚外露部分套上耐热的黄腊套管。

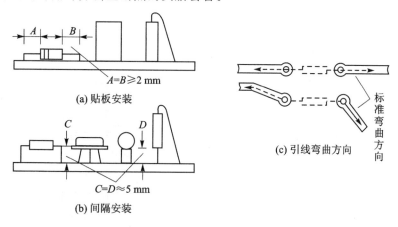

实训图 5－2　印制电路板上元器件安装时引线的弯曲

　　贴板安装的横向安装示例如实训图 5－3 所示。图 5－3(a)为引线弯曲安装示意图,注意弯曲引线根部带涂料的部分应留有 1～2 mm 长,拉引线时不要碰伤根部;图 5－3(b)是整形示意图,注意弯曲引线要用钳子弯成直角,元件标记要朝上,引线左右弯折要对称;图 5－3(c)是安装示意图,主要不要弄错元件标记方向。若引线太硬,可用手指按住,用镊子轻轻弯曲,弯曲尺寸 2～4 mm,弯曲高度小于 1.5 mm。

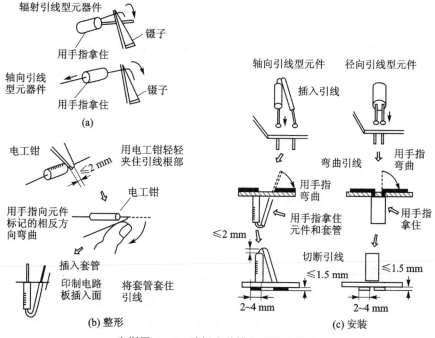

实训图 5－3　贴板安装横向安装示意图

贴板安装的纵向安装示例如实训图 5-4 所示。图 5-4(a)为引线弯曲示意图,应注意拉引线时不要碰伤引线根部;图 5-4(b)是整形示意,应注意把元件标记朝上。用尖嘴钳水平地夹住引线,用手指稍加弯曲。引线套管尺寸应按要求加工,通常以印制电路板面为准,求得整齐即可;图 5-4(c)是安装示意图,在操作时应注意,元件要贴紧在印制电路板上,弯曲尺寸 2～4 mm,弯曲高度在 1.5 mm 以下,用小剪刀剪除多余的引脚。

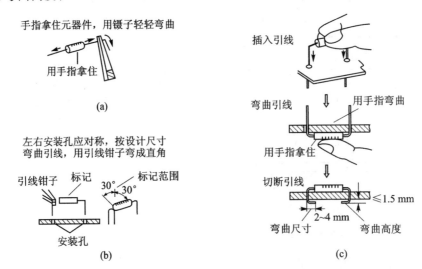

实训图 5-4　贴板安装纵向安装示意图

间隔安装就是元器件和印制电路板呈一定距离的安装,看上去好象元器件浮在板上一样。这种安装的目的是:

(1) 在双面和多层印制电路板上,可避免发生非绝缘性元器件和底板导线的接触故障。

(2) 对于不耐热和不能沾清洗液的元件,可避免过热和直接接触清洗液。

实训六　手工焊接法(四)——印制电路板上集成电路的焊接

一、实训目的

熟练掌握集成电路在印制电路板上的焊接技能。

二、实训器材

专供练习用的印制电路板(要有多个可装焊双列直插式及金属圆壳式集成电路的安装孔洞及焊盘,也可利用类似的现成印制电路板);松脂芯焊锡丝;电烙铁;镊子;供焊接练习用的双列直插式及金属圆壳式集成电路等。

三、实训步骤及内容

(1) 双列直插式集成电路的安装和焊接如实训图 6-1(a)所示,把双列直插式集成电路的引脚对号插入印制电路板上的孔洞中,再按实训图 6-1(b)把各引脚用尖嘴钳或专用工具拉紧于印制电路板上,并将对角线方向的两个引脚引线弯曲,最后逐个将各引脚与印制电路板相关焊盘焊牢。

（2）金属圆壳式集成电路的安装和焊接按实训图 6 - 2(a)所示,先把金属圆壳式集成电路的引脚整形,用钳子沿图示倾斜 45°剪断引线,以便容易插入印制电路板孔中。然后,按对应号码正确插入印制电路板孔中,如实训图 6 - 2(b)所示。最后按实训图 6 - 2(c)所示,对角线方向上选两引脚引线,弯曲尺寸为 2～4 mm,非弯曲引线露出长度为 1 mm,超过部分剪断。

待引脚安装完毕,对各引脚引线与印制电路板各相关焊盘实施焊接。

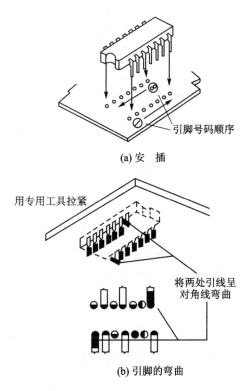

实训图 6 - 1　双列直插式集成电路装焊

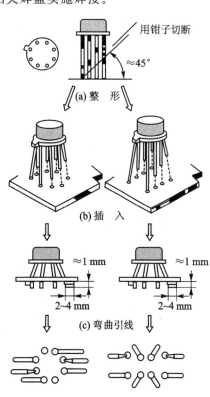

实训图 6 - 2　金属圆壳式集成电路焊装

实训七　手工焊接法(五)——拆焊

一、实训目的

掌握从印制电路板上拆卸元器件的方法和技能。

二、实训器材

电烙铁;助焊剂;焊有元器件的印制电路板及帮助拆焊的工具(如镊子、金属编织带、焊锡吸取器、吸锡电烙铁等)。

三、实训步骤及内容

在教师指导下分别练习下列几种拆焊方法:

（1）分点拆焊法。两个焊点之间的距离较大时采用此法。如实训图 7 - 1 所示，先拆除一端焊接点上的引线，如实训图 7 - 1(a)所示，再拆除另一端焊接点上的引线，最后将器件拆除，如实训图 7 - 1(b)所示。

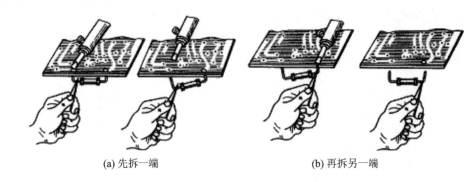

(a) 先拆一端　　　　　　　　(b) 再拆另一端

实训图 7 - 1　分点拆焊法示意图

实训图 7 - 2　集中拆焊法示意图

如果焊接点上的引线是折弯的引线，拆焊时要先吸去焊接点上的焊锡（使用吸锡电烙铁或用金属编织带做的吸锡绳及其他的焊锡吸取器等），用烙铁头撬直引线后再拆除器件。

（2）集中拆除法。晶体管以及直立安装的阻容器件，因焊接点之间的距离较小，应采用如实训图 7 - 2 所示的集中拆焊法，即用电烙铁同时交替加热几个焊点，待焊锡熔化后一次拔出器件。此法要求操作时注意力集中，加热要迅速，动作要快。

实训八　电原理图与印制电路图的互绘（驳图）

一、实训目的

熟悉电原理图与印制电路图的互绘方法，能完成简单电原理图与印制电路图的互绘。

二、实训器材

常用绘图工具；互绘所需电原理图与印制电路图（如实训图 8 - 3）所示。

三、实训步骤及内容

（1）复习有关章节中关于印制电路板布线与印制导线设计知识与要求。

电原理图绘制成印制电路图：一般情况下，可在电原理图基础上进行，即将电原理图中连线绘制成印制导线，如实训图 8 - 1 所示。如需考虑电磁场干扰、屏蔽件安装、紧固件安

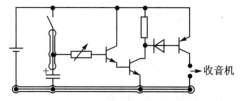

收音机

实训图 8 - 1　电路原理图绘制成印制
电路图的一般方法

装及整机结构等因素,再按有关要求加以设计。

印制电路图绘制成电原理图时,由于印制电路图是考虑各种因素后设计的结果,与电原理图形状有很大差别,难以一下就看出头绪。但可以根据电路名称来推断它的工作原理及应有的组成部分,如收音机按工作原理应由输入、变频、中放、低放和功放等部分组成。然后将印制电路图结合工作原理测绘成电原理图,当然,这需要有一定电路基础知识。比较简单的方法是以主要元器件为测绘点,找出各个测绘点,依次排列,形成电原理图的框架,如实训图 8 - 2(b)所示。再补充次要元器件,形成完整电路。然后按从左到右,由上到下整理成标准的电原理图。

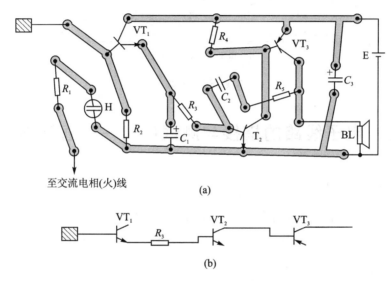

(a)

(b)

实训图 8 - 2　印制电路图绘制成电原理图的一般方法

(2) 将过欠压动作电原理图(如实训图 8 - 3a 所示)绘制成印制电路图。

(3) 将分压式电流负反馈偏置印制电路图(如实训图 8 - 3b 所示)绘制成电原理图。

(4) 将电子助记器印制电路(如实训图 8 - 3c 所示)绘制成电原理图。

(5) 寻找其他图纸,反复进行互绘练习。

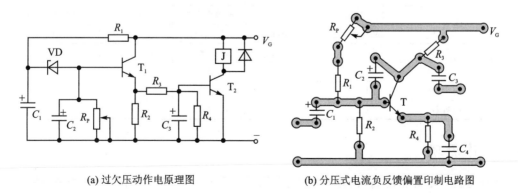

(a) 过欠压动作电原理图　　　　　　(b) 分压式电流负反馈偏置印制电路图

实训图 8 - 3

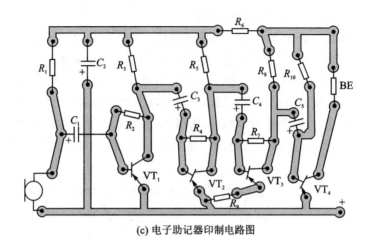

(c) 电子助记器印制电路图

实训图 8 - 3(续)

实训九　电子线路的搭接与测试(一)——直流稳压电源

一、实训目的

(1) 通过串联型稳压电源的制作,进一步掌握稳压电源的工作原理。

(2) 学会电子线路的测试、检修方法与技巧。熟悉电子线路板的插装、焊接工艺。

二、实训器材

万用表 1 块;常用电工工具 1 套;焊接工具 1 套;元器件选择如表 9-1 所列。

表 9-1　串联型稳压电源元器件参数

名　称	代　号	型　号	名　称	代　号	型　号
二极管	$VD_1 \sim VD_4$	IN4001	电解电容器	C_2	47 μF/16 V
	$VD_5 \sim VD_6$	IN4148		C_3	100 μF/16 V
三极管	$VT_1 \sim VT_2$	9013	电源变压器	T	220 V/9 A
	VT_3	9011	熔断丝		0.5 A
电阻	R_1	2 kΩ	熔断丝座		
	R_2	680 Ω	接线固定片		
微调电位器	RP	1 kΩ	电源线、黑胶布		
电解电容器	C_1	470 μF/16V	印制电路板	PCB	

三、工作原理

串联型稳压电源精度高,内阻小。本例输出电压在 3~6 V 范围内随意调节,输出电流 100 mA,可供一般实验线路使用。

原理图如实训图 9-1 所示,变压器次级的低压交流电,经过整流二极管 $D_1 \sim D_4$ 整流,电容器 C_1 滤波,获得直流电,送到稳压部分。稳压部分由复合调整管 T_1、T_2,比较放大管 T_3 及起稳压作用的硅二极管 D_5、D_6 和取样微调电位器 R_P 等组成。晶体三极管集电极、发射极之间的电压降简称管压降。复合调整管上的管压降是可变的,当输出电压有减小的趋势,管压降会自动地变小,维持输出电压不变;当输出电压有增大的趋势,压降又会自动地变大,仍维持输出电压不变。可见,复合调整管相当于一个可变电阻,由于它的调整作用,使输出电压基本上保持不变。复合调整管的调整作用是受比较放大管控制的,输出电压经过微调电位器 R_P 分压,输出电压的一部分加到 T_3 的基极和地之间。由于 T_3 的发射极对地电压是通过二极管 D_5、D_6 稳定的,可以认为 T_3 的发射极对地电压是不变的,这个电压叫做基准电压。这样 T_3 基极电压的变化就反映了输出电压的变化。如果输出电压有减小的趋势,T_3 基极和发射极之间的电压也要减小,这就使 T_3 的基极电流减小,集电极电压增大。由于 T_3 的集电极和 T_2 的基极是直接耦合的,T_3 集电极电压增大,也就是 T_2 的基极电压增大,这就使复合调整管加强导通,管压降减小,维持输出电压不变。同样,如果输出电压有增大趋势,通过 T_3 的作用又使复合调整管的管压降增大,维持输出电压不变。

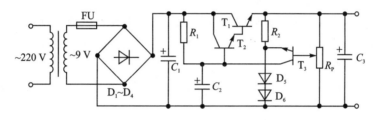

实训图 9-1　串联型稳压电源

D_5、D_6 是利用它们在正向导通的时候正向压降基本上不随电流变化的特性来稳压的,硅管的正向压降约为 0.7 V 左右。两只硅二极管串联可以得到约为 1.4 V 左右的稳定电压。R_2 是提供 D_5、D_6 正向电流的限流电阻。R_1 是 T_3 的集电极负载电阻,又是复合调整管基极的偏流电阻。C_2 是考虑到在市电电压降低的时候,为了减小输出电压的交流成分而设置的。C_3 的作用是降低稳压电源的交流内阻和纹波。

四、实训步骤

1. 安装、调试与检测

(1) 用万用表检测所有元器件,并对元器件引脚做好镀锡、成型等准备工作。

(2) 按 PCB 板图(如实训图 9-2 所示)正确安装元器件。按照焊接工艺参考如下要求:

① 电阻、二极管均采用水平安装,贴紧印制板。电阻的色环方向应该一致。

② 三极管采用直立式安装,底面离印制板(5±1)mm。

③ 电解电容器尽量插到底,元件底面离印制板最高不能大于 4 mm。

④ 微调电位器尽量插到底,不能倾斜,三只脚均需焊接。

⑤ 电源变压器用螺钉紧固在印制电路板上,螺母均放在导线面,伸长的螺钉用作支撑(印制电路板的四角也可安上螺钉)。靠印制电路板上的一只紧固螺母下坠入接线片,用于固定 220 V 电源线。变压器次级绕组向内,引出线焊在印制板上。变压器初级绕组向外,接电源线。引出线和电源线接头焊接后需用绝缘胶布包妥,绝不允许露出线头。

⑥ 插件装配美观、均匀、端正、整齐、不能歪斜,要高矮有序。

⑦ 所有插入焊片孔的元器件引线及导线均采用直角焊,剪脚留头在焊面以上(1±0.5)mm,

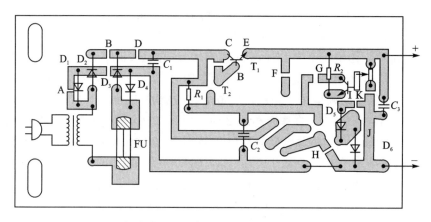

实训图 9-2   串联型稳压电源 PCB 图

焊点要求圆滑、光亮、防止虚焊、搭焊和散焊。

(3) 检查元器件安装正确无误后,将断口 B、C、D、G、I、K 各处焊好,接通电源。

(4) 将万用表拨至直流电压挡,测 C_1 两端电压(注意表笔的极性),调节 R_P 的阻值,使电压在 3~6 V 之间变动。

(5) 接上负载调试。输出 3 V 的时候接上 30 Ω 的负载电阻。负载电阻接入前和接入后,输出电压的变化应小于 0.5 V。

2. 故障设置与技能训练

(1) 用万用表电压档测量并记录电源变压器次级、电解电容器 C_1 两端及 T_1、T_2、T_3 各极的电压值。

(2) 用烙铁把断口 E 封好,相当于 T_1 的 B—E 短路,调节 R_P,观察输出电压有没有变化,并测量和记录 T_1、T_2、T_3 各极对地电压值。测量结果与(1)对照,当 T_1 的 B—E 短路时,数据有什么变化并得出结论。最后用烙铁把断口 E 焊开。

(3) 用烙铁把断口 G 焊开,相当于 T_3 的 B—C 开路,调节 R_P,观察输出电压有没有变化,并测量和记录 T_1、T_2、T_3 各极对地电压值。测量结果与(1)对照,当 T_3 的 B—C 短路时,数据有什么变化并得出结论。最后用烙铁把断口 G 焊好。

(4) 用烙铁把断口 I 焊开,相当于 D_5、D_6 开路,调节 R_P,观察输出电压有什么变化,并测量和记录 T_1、T_2、T_3 各极对地电压值,测量结果与(1)对照,当 D_5、D_6 开路时数据有什么变化并得出结论。最后用烙铁把断口 I 焊好。

(5) 用烙铁把断口 J 封好,相当于 D_5、D_6 击穿短路,调节 R_P,观察输出电压有没有变化,并测量和记录 T_1、T_2、T_3 各极对地电压值。测量结果与(1)对照,当 D_5、D_6 击穿短路时数据有什么变化并得出结论。最后用烙铁把断口 J 焊开。

(6) 用烙铁把断门 K 焊开,相当于 R_P 微调电位器下端开路,调节 R_P,观察输出电压有什么变化,并测量和记录 T_1、T_2、T_3 各极对地电压值。测量结果与(1)对照,当 R_P 微调电位器下端开路时数据有什么变化并得出结论。最后用烙铁把断口 K 封好。

(7) 将制作、调试结果填入表 9-2 中。

3. 检修方法

在测试过程中,若出现故障可按下面介绍的方法进行检修。

表 9-2　串联型稳压电源制作、调试结果

测量点	未接负载时的电压/V			接入负载时的电压/V		
变压器的次级						
C_2 的两端						
VT_1	$V_E=$	$V_B=$	$V_C=$	$V_E=$	$V_B=$	$V_C=$
VT_2	$V_E=$	$V_B=$	$V_C=$	$V_E=$	$V_B=$	$V_C=$
VT_3	$V_E=$	$V_B=$	$V_C=$	$V_E=$	$V_B=$	$V_C=$
调试中出现的故障及排除方法						

（1）电压检查法。用万用表电压挡按实训图 9-3 所示步骤测量电压,把测出来的数据进行分析比较。从而判断故障的所在,对故障进行排除。

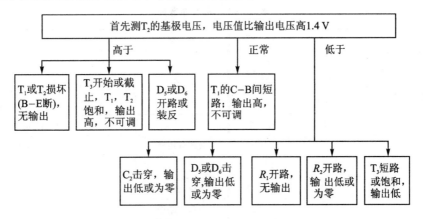

实训图 9-3　电压检查程序图

（2）电路组件故障图示。由于元器件损坏而引起电路故障的现象如实训图 9-4 所示。图中的短路、开路现象包括组件本身的引线断裂、假焊、漏焊、漏装等,短路现象包括组件引线间有碰锡、碰线、击穿等。对图中所罗列的情形,只能看作是相对的。

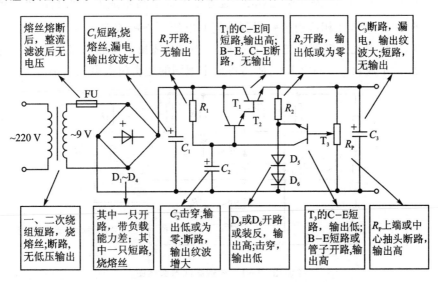

实训图 9-4　各组件的故障示意图

实训十　电子线路的搭接与测试(二)——逻辑测试器

一、实训目的

(1) 了解集成运放 LM324 的具体应用,熟悉逻辑测试器的电路结构和工作原理。

(2) 通过对逻辑测试器的组装、调试、检测,进一步掌握电子电路的装配技巧。

二、实训器材

直流稳压电源 1 台;万用表 1 块;组装、焊接工具 1 套;元器件选择如表 10-1 所列。

表 10-1　元器件选择

名　称	代　号	型　号	名　称	代　号	型　号
发光二极管	VD_1	红色	电阻	R_6	2.7 kΩ
	VD_2	绿色		R_7	
三极管	VT	9013		R_8	560 Ω
集成块	IC	LM324		RP_1	10 kΩ
电阻	R_1	2.4 kΩ	微调电位器	RP_2	15 kΩ
	R_2	6.8 kΩ		RP_5	10 kΩ
	R_3	820 Ω	单刀双掷扳手开关		
	R_4	1 kΩ	印制电路板	PCB	
	R_5	560 Ω	安装线		

三、工作原理

实训图 10-1 所示电路为一块 LM324 四运放集成电路组成的逻辑测试器。调节 R_{P_1}、R_{P_2} 和 R_{P_3},使运放 LM324 相应引出脚得到不同的电压。当单刀双掷开关 SA 选择的被测信号为逻辑 0 时,绿色发光二极管发光,显示逻辑 0;当 SA 选择的被测信号为逻辑 1 时,红色发光二极管发光,显示逻辑 1。调节 R_{P_1}、R_{P_2},可设定不同的逻辑门限电压大小。

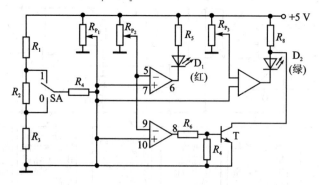

实训图 10-1　逻辑测试器原理图

四、实训步骤

1. 安装、调试与检测

（1）清理检测所有元器件，确认正常后，按照 PCB 板图，如实训图 10-2 所示，仔细装配电路。集成电路底面与 PCB 板紧贴，安装过程中要注意对引脚的识别，因为各脚距离较近，焊接时焊点之间要分离清楚，防止搭焊、连焊。

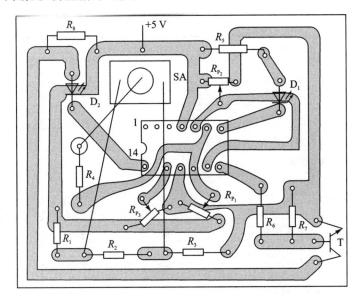

实训图 10-2　逻辑测试器 PCB 板及装配图

（2）扳手开关用配套螺母安装在 PCB 板上，开关体在印制板的导线面，扳手在元件面。然后按 PCB 板图连线，连线处要求焊点光洁、圆滑，线头处要符合焊接常规要求。其他装配工艺参考前面的有关内容。

（3）检查无误后，接通 5 V 电源，测量整机电流约 15 mA。

（4）调节 R_{P_1}，使集成块的第⑥引脚电压为 3 V；调节 R_{P_2}，使集成块的第⑤引脚为 2 V；调节 R_{P_3}，使集成块的第⑫引脚为 0.7 V。

（5）把 SA 扳手开关拨在"1"处，红色发光二极管发光，显示逻辑 **1**；把 SA 扳手开关拨在"0"处，绿色发光二极管发光，显示逻辑 **0**。

2. 技能训练

（1）用万用表欧姆挡测量集成块各引脚对地电阻（断电在路测试），分别用红表笔和黑表笔接地，记录两组数据在实训报告表上，以便今后检修。

（2）用万用表电压挡测量并记录集成块各引脚对地电压值和三极管各极电压值，数据填写在实训报告表上。

3. 常见故障及原因

（1）测量的整机电流与正常值不一致。应当先检查元器件有否装错的地方，特别要检查集成块是否装错或虚焊。

（2）逻辑功能显示情况与正常情况相反。故障原因可能是发光二极管安装颠倒，即红、绿发光二极管对调了一下;另外扳手开关 SA 连线接错,也会造成此故障。

　　(3)只能显示一个逻辑功能。可能是某运算放大器不工作或损坏,也可能三极管电极装错或三极管损坏。应在教师指导下检查,改正或更换。

五、实训报告

　　将制作、调试结果填入表 10-2 中。

表 10-2　实训报告表

LM324 集成电路引脚		①	②	③	④	⑤	⑥	⑦
测量直流电阻	开路							
	闭路							
测量电压值/V	0 状态							
	1 状态							
LM324 集成电路引脚		⑧	⑨	⑩	⑪	⑫	⑬	⑭
测量直流电阻	开路							
	闭路							
测量电压值/V	0 状态							
	1 状态							
调试中出现的故障及排除方法